劳动教育（第2版）

主　编　郭宏才　梁柏健　荣爱珍
副主编　郑慧仙　张　箭　刘　明
　　　　王丹丽　杨　超
参　编　魏息平　薛萌琪　张秋怡
　　　　罗兴荣　洪晓旋
主　审　汪永智

北京理工大学出版社
BEIJING INSTITUTE OF TECHNOLOGY PRESS

内 容 简 介

本教材依据《大中小学劳动教育指导纲要（试行）》编写，以培养劳动观念、指导劳动实践、提升劳动能力为基本理念，面向职业学校，针对劳动教育是什么、教什么、怎么教等问题进行了专业指导。在编写过程中，注重以学生为中心，以实践为落脚点，设置了多样化劳动训练项目，旨在帮助学生更好地理解劳动教育相关知识。全书主要内容包括劳动哲学与劳动教育、劳动精神与劳动素养、劳动制度与劳动法规、生产劳动实践、社会服务劳动实践，以及日常生活劳动实践。

本教材内容通俗易懂，深入浅出，将劳动教育全面融入公共基础课和专业课之中，注重培养学生的敬业精神以及吃苦耐劳、团结合作、严谨细致的工作态度。本书既可作为中等职业学校劳动教育课程的教材，也可作为相关企业员工培训的学习读物。

图书在版编目（CIP）数据

劳动教育 / 郭宏才, 梁柏健, 荣爱珍主编 . -- 2 版
. -- 北京 ： 北京理工大学出版社, 2023.3
ISBN 978-7-5763-2206-4

Ⅰ . ①劳… Ⅱ . ①郭… ②梁… ③荣… Ⅲ . ①劳动教育—教材 Ⅳ . ① G40-015

中国国家版本馆 CIP 数据核字（2023）第 050504 号

出版发行 / 北京理工大学出版社有限责任公司
社　　址 / 北京市海淀区中关村南大街5号
邮　　编 / 100081
电　　话 / （010）68914775（总编室）
　　　　　（010）82562903（教材售后服务热线）
　　　　　（010）68944723（其他图书服务热线）
网　　址 / http://www.bitpress.com.cn
经　　销 / 全国各地新华书店
印　　刷 / 定州市新华印刷有限公司
开　　本 / 889毫米 × 1194毫米　1/16
印　　张 / 10　　　　　　　　　　　　　　　　责任编辑 / 李慧智
字　　数 / 166千字　　　　　　　　　　　　　　文案编辑 / 李慧智
版　　次 / 2023年3月第2版　2023年3月第1次印刷　责任校对 / 王雅静
定　　价 / 38.00元　　　　　　　　　　　　　　责任印制 / 边心超

2022年，党的二十大报告提出，"坚持尊重劳动、尊重知识、尊重人才、尊重创造""在全社会弘扬劳动精神、奋斗精神、奉献精神、创造精神、勤俭节约精神，培育新时代新风貌""全面贯彻党的教育方针，落实立德树人根本任务，培养德智体美劳全面发展的社会主义建设者和接班人"。这些重要论述，立足国情和发展实际，不仅丰富发展了党和国家的教育方针，而且对学校加强劳动教育提出了新任务、新要求，为新时代全面加强劳动教育提供了根本遵循和行动指南。

为更好地实施劳动教育课程教学，教育部印发了《大中小学劳动教育指导纲要（试行）》（以下简称《指导纲要》），从劳动教育的性质和基本理念、目标和内容、教育途径、关键环节和评价、规划与实施、条件保障与专业支持等方面明确了劳动教育的有关政策要求。本书依据《指导纲要》编写，以培养劳动观念、指导劳动实践、提升劳动能力为基本理念，面向职业学校，针对劳动教育是什么、教什么、怎么教等问题，进行了专业指导。全书共有六个模块，分别为劳动哲学与劳动教育、劳动精神与劳动素养、劳动制度与劳动法规、生产劳动实践、社会服务劳动实践，以及日常生活劳动实践。本书特色主要体现在：

1. 以《指导纲要》为蓝本，体现职业教育特点。

本书面向职业教育，以增强职业荣誉感和责任感，提高职业劳动技能水平，培养积极向上的劳动精神和认真负责的劳动态度为核心编写内容，促进学生增强职业认同感和劳动自豪感，提升创意物化能力，培育不断探索、精益求精、追求卓越的工匠精神和爱岗敬业的劳动态度，使学生坚信"三百六十行，行行出状元"，体认劳动不分贵贱，任何职业都很光荣、都能出彩。本书所选案例有大国工匠、劳动模范，也有职业教育榜样，具有较强的吸引力及说服力。

2. 以问题为导向，解决学生思想困惑。

本书重点解决"不想干、不愿干、不敢干、不会干"等问题。通过马克思主义劳动观、劳动品质、劳模精神、工匠精神、劳动安全、劳动法规等内容，使学生理解和形成马克思主义劳动观，树立劳动最光荣、劳动最崇高、劳动最伟大、劳动最美丽的观念，培养学生树立劳模精神、劳动精神和工匠精神，使他们成为遵纪守法、诚实守信、有职业理想、有本领、勇于担当的新时代劳动者。

3. 以学生为中心，注重激发劳动兴趣。

本书通过案例导入、知识储备、案例分析、拓展训练、知识链接等栏目，生动形象地阐述马克思主义劳动价值观，详细讲述各项劳动基本劳动技能，引导学生主动思考，积极参与到劳动实践中。此外，本书以知识导图的形式帮助学生理解各模块的学习内容，建构劳动价值观知识体系，以学习目标及素质目标的形式给学生指明了学习方向、制定了评价标准，体现了"学做评"一体化的思想。

4. 以实践为落脚点，设置多样化劳动训练项目。

本书中每一个小节均设置了与课程内容相关的拓展训练，拓展训练围绕生活劳动、生产劳动和服务性劳动设计，符合学生实际，可操作性强，为学生的理论学习成效提供了观测依据，鼓励学生走出"书本"，走下"黑板"，走出教室，走进山水田林、社区生活，引导学生通过劳动认识社会，通过劳动丰盈人的生命，磨炼人的意志力，增强社会责任感。

劳动教育直接决定了社会主义建设者和接班人的劳动精神面貌、劳动价值取向和劳动技能水平。我们每个人都应当牢记，实现中华民族伟大复兴的中国梦要靠一代又一代人接续奋斗，任何一项伟大的事业都要靠辛勤劳动才能实现。

5. 以提升素养为目标，运用信息化手段辅助学习。

本书运用现代信息技术，针对每个模块的内容，配备了动画讲解知识体系与真实再现劳动场景相结合的微课视频，覆盖了全书的重点知识、难点问题，给教师课堂教学提供了可视化素材，达到声光同步、视听结合的效果，增强教学直观性和生动性以提升课堂质量，可以使学生耳目一新、身临其境、更加生动形象地理解相关内容，方便学生课后反复学习、多次观看，从而延伸课堂教学实效，达到随时可学、随时能学的目的。

由于编者水平有限，教材中难免存在疏漏和不足之处，敬请广大教师和学生批评和指正，在此表示衷心的感谢。

编　者

Contents
目录

劳动哲学与劳动教育

模块 1

模块导读

　　劳动是人类社会生存和发展的基础，是人维持自我生存和自我发展的唯一手段。劳动是人类的本质特征，社会上一切物质财富与精神财富都来源于劳动，可以说，没有劳动，就没有人类的生活。新时代重提劳动教育，对劳动教育的认识回归本质，青少年学生应该树立正确的劳动观，把技能与劳动精神、工匠精神、劳模精神、职业精神相结合，把社会实践与责任担当相结合，拓展劳动的广度与深度，重构个体与他人、社会与自然的关系，立志成长为一名爱劳动、会劳动、会感恩、会助人的德智体美劳全面发展的社会主义建设者和接班人。

认知目标

　　1.了解劳动的概念和劳动的基本分类，理解劳动的意义、马克思主义劳动价值观。

　　2.理解新时代劳动观的内涵与要求。

　　3.了解劳动教育的概念以及我国劳动教育的发展历程。

情感态度观念目标

　　1.树立热爱劳动、主动劳动的意识。

　　2.培养勇于担当、吃苦耐劳的劳动精神。

　　3.培养勇往直前、不畏困难、坚持不懈的意志品质。

运用目标

　　1.能够积极参与实际生活中的各类劳动。

　　2.尊重各行各业的劳动者，对他人的劳动付出懂得感恩。

　　3.在劳动过程中，能够战胜遇到的困难，锻炼劳动技能，磨炼劳动品质。

知识导图

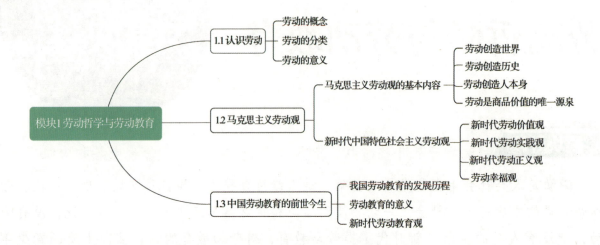

模块1 劳动哲学与劳动教育

- 1.1 认识劳动
  - 劳动的概念
  - 劳动的分类
  - 劳动的意义
- 12 马克思主义劳动观
  - 马克思主义劳动观的基本内容
    - 劳动创造世界
    - 劳动创造历史
    - 劳动创造人本身
    - 劳动是商品价值的唯一源泉
  - 新时代中国特色社会主义劳动观
    - 新时代劳动价值观
    - 新时代劳动实践观
    - 新时代劳动正义观
    - 劳动幸福观
- 1.3 中国劳动教育的前世今生
  - 我国劳动教育的发展历程
  - 劳动教育的意义
  - 新时代劳动教育观

1.1 认识劳动

案例导入

如果你是企业主管，你会选择谁？

小辉和小超是某学校民政服务与管理专业的同班同学，毕业后，他们很幸运地通过面试，被学校合作办学的养护院录取了，开始了顶岗实习的工作。站在同一条起跑线上，他们的能力和水平也都不分上下，起初企业主管对他们都很喜欢。

要较快地适应顶岗实习工作，完成从学生到实习生的角色转换并不是一件容易的事情。小辉在求学阶段就有比较强的时间观念和纪律意识，他每天起早贪黑，认真地完成上级主管交代的任务。工作一段时间后，主管对他赞赏有加，觉得这个实习生为人谦逊、待人有礼，对养护院里的长者耐心周到，很适合在养护院中担任社工的工作。

反观小超，刚开始实习工作时，他热情高涨，什么都抢着去完成，但当发现工作难度大时，就会产生畏难情绪，容易气馁。工作了一段时间后，小超的不满情绪越来越多，尤其是当主管在下班前交代工作任务，要他加班完成时，就会面露难色，还会和同事抱怨，觉得主管是故意刁难自己，影响自己的休息。他觉得自己就是一个实习生，实习工资不高，拿多少钱就做多少事情，很公平，被主管批评后他还背地里说主管的坏话。

半年后养护院要开展年终考核，如果你是企业主管，你会给小辉和小超怎样的评价呢？

思考：

1.结合所学专业，谈谈你对劳动内涵的理解。

2.如何增强劳动意识，树立正确的劳动观念，把自己培养成为德能兼备、全面发展的新时代劳动者？

知识储备

认识劳动

一、劳动的概念

劳动是人类特有的，为满足自身的物质和精神需要，有目的地调整和控制人和自然界之间的物质变换过程的一种改变自然物的社会实践活动。恩格斯在《劳动在从猿到人转变过程中的作用》一文中指出："在一定意义上说，劳动创造了人本身。"可以说，劳动是人类社会存在和发展的最基本的条件，劳动在人类形成过程中，起了决定性的作用。

恩格斯

二、劳动的分类

根据劳动所依靠的主要运动器官的不同，可以将劳动划分为体力劳动、脑力劳动和生理力劳动。

（一）体力劳动

体力劳动是指以人体肌肉与骨骼的劳动为主，以大脑和其他生理系统的劳动为辅的人类劳动。

（二）脑力劳动

脑力劳动是指以大脑神经系统的劳动为主，以其他生理系统的劳动为辅的人类劳动。

（三）生理力劳动

生理力劳动是指除了体力劳动和脑力劳动以外的其他形式的人类劳动。

一般的人类劳动由脑力劳动、体力劳动与生理力劳动按照不同的比例关系组合而成。通常意义上的脑力劳动是指那些脑力劳动占主要比例的复合劳动，体力劳动是指那些体力劳动占主要比例的复合劳动，生理力劳动是指那些生理力劳动占主要比例的复合劳动。例如，人口的生产过程虽然以生理力劳动为主，但也伴随着一定的体力劳动和脑力劳动。任何劳动都是脑力劳动与体力劳动的结合。

三、劳动的意义

劳动是创造物质世界和人类历史的根本动力，是一切社会财富的源泉。劳动对于社会和个人具有重要意义。

名 人 名 言

劳动已经不仅仅是谋生的手段，而且本身成了生活的第一需要。

——马克思

（一）劳动创造了人类

在生产力还不发达的时代，人们为了获取食物、衣服等生活必需品，发明制造了劳动工具，让劳动创造，获取更多的价值。如果没有劳动，便没有发明与创造，那样人类社会将永远停留在原始、野蛮的古代社会，根本不会创造出现在如此灿烂辉煌的物质财富和精神财富。劳动是人类生存的需要，也是安全的需要、爱的需要、发展的需要，是人自我实现的需要。

（二）劳动开发了思维

在人类思维的发展史上，劳动是人类的意识和思维产生的决定因素。劳动促使人脑结构不断完善，同时也丰富了思维的内容。我国著名教育家陶行知先生的《手脑相长歌》用儿歌形式说明了劳动中既要会"学"又要会"做"，激发出创造思维的道理。

（三）劳动培养了吃苦耐劳精神

劳动不仅是一种生活体验，也是锻炼我们动手能力、社会实践能力的重要途径，更是培养我们尊重劳动、勤俭节约、劳动光荣等价值观的重要方式。"吃得苦中苦，方为人上人"，因此，学生在学校时就应多参与一些力所能及的劳动，在活动中要乐于吃苦，勇于自我挑战，使自己敢于吃苦、乐于吃苦，从而培养吃苦耐劳的劳动精神。

（四）劳动有助于培养责任意识

国内外大量的调查研究证明，从小养成劳动习惯的人，长大后更可能具有责任心，也更容易适应家庭生活和职场工作的需要，而不爱劳动的人恰恰相反，他们更可能成为生活与职场的失败者。劳动是衡量一个人综合素质的最好形式，通过劳动教育，人的道德、知识、能力、素质等可以得到全面综合的提升和展示。劳动教育有助于培养学生独立自主的生活生存能力，还有助于增强学生的公民意识和社会责任感。

（五）劳动有助于培养正确的劳动观

新时代劳动教育是中国特色社会主义教育制度的重要内容，它直接决定青少年作为社会主义建设者和接班人的劳动精神面貌、劳动价值取向和劳动技能水平。因此，要重视青少年的劳动教育，使其树立正确的劳动观，以劳动为荣，把劳动当作一种乐趣融入物质和精神生活之中。

（六）劳动是个人和家庭幸福的源泉

幸福是个人由于理想的实现或接近而引起的一种内心满足。追求幸福是人们的普遍愿望。幸福不仅包括物质生活，也包括精神生活；幸福不仅在于享受，也在于劳动和创造。青少年必须具备多方面、多层次的劳动能力和勤奋工作的态度，才能适应科学技术日新月异的未来社会。不论从事什么工作，都需要有动手的技能技巧，这与知识的掌握既有联系又有区别。如果青少年在成长过程中就珍惜动手机会，有意识地培养、训练自己的动手、动脑能力来解决生活中的问题，久而久之，就会使自己形成动手、动脑的好习惯，在未来社会中便能更好地适应生活和工作的需要。

案例分析

志愿服务我先行　赛事因我而精彩

广州马拉松赛是展示广州形象和社会经济发展成果的一张靓丽的城市名片。赛场上，除了有斗志昂扬、坚信"坚持到底就是胜利"的运动员外，志愿者们也同样引人注目，他们分布在不同的岗位上，热心地为赛事提供最优质的志愿服务。

志愿者们在凌晨三四点就起床集合，他们身穿绿色马甲，怀着激动的心情，奔向广州马拉松赛的现场，为"广马"保驾护航！一路上，志愿者们都笑着说："起得比鸡早，但一点都不困。"

在志愿服务的过程中，马拉松选手对志愿者的付出表示了衷心的感谢。志愿者龙同学分享道："他们（运动员们）有的会气喘吁吁地开玩笑说，'没油啦，你来跑跑试试'，然后跑上来和我们合影留念；有的人会在拿过水后说声'辛苦了'，而我们则会大声回答：'不辛苦，为人民服务！'但更多的人在听到我们加油呐喊时露出微笑，默默点头继续前进。"

在比赛中，还会看到残疾人运动员的身影。志愿者朱同学说道："他们让我看到挑战极限的勇气、超越自我的信心、坚韧不拔的意志和永不放弃的坚定。他们的努力让我很感动。"一位同学已经连续两年担任马拉松赛志愿者了，他由衷地表示："从广州国际灯光节到广州马

拉松，背后是这座城市的力量，我爱广州，超级爱！"

志愿服务过程充满了温暖与感动，志愿者们默默无闻地为运动员们服务，虽然辛苦，但是当他们得到运动员对自己的肯定、支持和感激时，会觉得自己所付出的一切都是值得的。

思考：

1.结合案例，谈谈你对服务性劳动的理解。

2.结合你的志愿服务经历，分享你的收获，谈谈你是如何在志愿服务过程中闪闪发光的。

分析：志愿服务是社会文明进步的重要标志，是广大志愿者奉献爱心的重要渠道，是培育和践行社会主义核心价值观的有效载体。探索以志愿服务活动推进劳动教育，对于培养德智体美劳全面发展的社会主义建设者和接班人具有重要意义。职业学校的青少年学生正处于人生的"拔节孕穗期"，最需要精心引导和栽培。通过参加志愿服务活动，不仅可以强化同学们的社会责任感，提升大家的公共服务意识、爱国情怀，还能与劳动教育互促互进、相得益彰。

作为新时代的青少年，我们要积极响应习近平总书记的号召，"弘扬奉献、友爱、互助、进步的志愿精神，坚持与祖国同行、为人民奉献，以青春梦想、用实际行动为实现中国梦做出新的更大贡献"。

拓展训练

"我爱劳动"主题活动

有的学生认为自己还是学生，大部分时间都应用于学习，平时参加劳动的机会较少；还有的学生家里的家务活都由家人承包了。其实，生活中的劳动随处可见，以"我爱劳动"为活动主题，完成相关活动。

1.活动主题：我爱劳动。

2.活动时间：周末参加劳动，班会课汇报。

3.活动实施：

（1）分小组讨论。每个组员在组内讲述自己平时参加的劳动项目。

（2）每个小组将这些例子以图片、电子演示文稿（PPT）、小视频等形式展示出来。

（3）每组选出小组代表，由小组代表汇报小组成果。

（4）同学们劳动的图片、电子演示文稿（PPT）、小视频等在班级展示，由同学们评选出最佳汇报成果。

1.2　马克思主义劳动观

案例导入

守护万家灯火　32年春节坚守一线

　　春节正是万家团圆的日子，但有这么一群人却在默默为市民服务。作为地坛庙会电工班长，他32年没有回家过春节，没有一次在大年三十跟家人吃年夜饭，而是在地坛守着各式电线，保证供电安全和商户供电需求。

　　从20岁的小伙子到如今即将退休的年纪，地坛公园电工班班长王建荣坚守在工作第一线，临近大年三十，王建荣的工作比平时要忙得多。节日的地坛，灯火璀璨，音响欢腾。王建荣几乎每年提前一个月就要进入庙会的"状态"：布线、安装、调试。"凡是和电有关的，我都能保证万无一失。干了这么多年，这个包票我敢打。"

　　"父母都80多岁了，他们一直很理解我，支持我。他们不会觉得'我儿子多么爱岗敬业''我儿子做了多大贡献'，因为这是我的职责所在，说白了就是干的就是这个工作。"王建荣说，他记得1976年时自己刚刚17岁，唐山地震，北京也有强烈震感，"就算那样，父母都没有离开他们的工作岗位"。

　　以前过春节的时候，父母都会在家包好饺子，放在保温盒里，给王建荣和同事们送到公园的值班室来。而今父母年迈，身体不似之前硬朗，这顿爸妈亲手包的饺子王建荣已经好多年没在大年三十吃上了。"我的春节每年都会比别人晚一个多星期，别人团圆欢乐的时候，我们都是最'要劲儿'的时候，北京城过年的气氛过了，我才能回家，'打扫打扫'过年的剩饭。"王建荣笑着说。

思考:

1. 从王建荣辛苦的平凡工作中,我们看到了怎样的精神?
2. 青少年应该树立怎样的劳动观?

知识储备

马克思主义劳动观认为:"劳动作为一种有意识和能动性的生产活动,是人类区别于动物的根本特征。劳动创造了人,创造了人类世界,劳动是一切社会财富唯一的创造性动力和源泉。""实现人的自由全面发展"是马克思主义的最高命题,也是新时代中国特色社会主义事业的现实目标。如何能够实现人的全面发展呢?"归根到底要靠教育和劳动生产相结合去实现,这是唯一途径"。

一、马克思主义劳动观的基本内容

《关于全面加强新时代大中小学劳动教育的意见》指出:"通过劳动教育,使学生能够理解和形成马克思主义劳动观,牢固树立劳动最光荣、劳动最崇高、劳动最伟大、劳动最美丽的观念。"那么马克思主义劳动观到底是什么?马克思在《1844年经济学哲学手稿》中提出,"人类的本质是自由自觉的人类劳动"。马克思主义劳动观具体包括以下几方面:

(一)劳动创造世界

马克思认为,构成人类赖以存在的现实世界的关键要素之一正是人的劳动,而且这种劳动并不是抽象层面的劳动,而是作为人类实践活动最基本形式的"生产劳动",这是区分人与动物的关键。"当人开始生产自己的生活资料,即迈出由他们的肉体组织所决定的这一步的时候,人本身就开始把自己和动物区别开来。"作为人类最基本实践活动形式的劳动,也不再只是单纯地依靠人的感性活动,而是将感性活动转变为人的现实社会活动。马克思揭示了劳动的社会规定性,并从人与人的社会关系层面来理解和把握劳动,从而实现了历史唯物主义对之前一切旧唯物主义的根本性超越。

劳动创造世界

（二）劳动创造历史

马克思认为："人们为了能够'创造历史'，必须先能够生活。但是为了生活，首先就需要吃喝住穿以及其他一些东西。因此，第一个历史活动就是生产满足这些需要的资料，即生产物质生活本身，而且，这是人们从几千年前直到今天单是为了维持生活就必须时时刻刻从事的历史活动，是一切历史的基本条件。"在马克思的历史唯物主义中，劳动被看作"一切历史的基本条件"和"人类的第一个历史性活动"，既是人类历史发展的事实起点，也是整个历史唯物主义建构的逻辑起点。马克思正是通过劳动来揭示物质资料生产的作用，发现了人类社会关系发展的客观规律性，并由此肯定了人的主体地位，继而发现劳动人民在历史发展中的伟大作用。而这正是马克思全面建立历史唯物主义的两个理论准备。

（三）劳动创造人本身

马克思深刻指出，劳动不仅创造出人类的物质世界和社会历史，同时也创造了人类自己。"劳动首先是人和自然之间的过程，是人以自身的活动来中介、调整和控制人和自然之间的物质变换的过程。"这是由于为了能够占有自然物质，人类必须使他的头、手臂、大腿以及其他器官动起来，而当人类通过这种运动作用于他身外的自然并改变自然时，也就同时改变他自身所处的社会生活及他本身。"劳动是整个人类生活的第一个基本条件，而且达到这样的程度，以至我们在某种意义上不得不说：劳动创造了人本身。"

（四）劳动是商品价值的唯一源泉

马克思在《资本论》中提出了较为完整的劳动二重性理论，即把劳动区分为具体劳动和抽象劳动，劳动的二重性统一于劳动过程之中。"一切劳动，一方面是人类劳动力在生理学意义上的耗费，就相同的或抽象的人类劳动这个属性来说，它形成商品价值；一切劳动，另一方面是人类劳动力在特殊的有一定目的的形式上的耗费，就具体的有用的劳动这个属性来说，它生产使用价值。"

"商品具有价值，因为它是社会劳动的结晶。商品价值的大小或它的相对价值，取决于它所含的社会实体量的大小，也就是说，取决于生产它所必需的相对劳动量。所以，各个商品的相对价值，是由耗费于、体现于、凝固于该商品中的相应的劳动数量或劳动量决定的。"可以看出，马克思强调商品的价值是由劳动者创造的，要生产出一个商品，就必须在这个商品上投入或耗费一定量的劳动。而我们如果承认某种商品具有价值，也就是承认在这种商品中有着一种体现了的、凝固了的或所谓结晶了的社会劳动。虽然当代社会的劳动形态已经发生了巨大变化，但劳动是商品价值的唯一源泉仍然是颠扑不破的真理。

商品价值的源泉只有一个，那就是人类的抽象劳动。抽象劳动创造商品的价值。抽象劳动构成商品价值的实体。马克思认为，"劳动是商品价值的唯一源泉，劳动剥削是资本主义的社会本性，按劳分配是实现社会正义的重要原则"。

二、新时代中国特色社会主义劳动观

党的十八大以来，习近平总书记结合新时代历史特点对马克思劳动观进行了创新性解读，在继承和发展马克思劳动观的基础上，逐步形成了新时代的马克思主义劳动观，即中国特色社会主义劳动思想体系。

（一）新时代劳动价值观

1. 坚守劳动价值论

劳动作为人类社会一切物质财富和精神财富的源泉，在人类生存与发展中具有根本作用。习近平热情礼赞了劳动的价值："人世间的一切幸福都需要靠辛勤的劳动来创造""全面建成小康社会，进而建成富强民主文明和谐的社会主义现代化国家，根本上靠劳动、靠劳动者创造""劳动创造了中华民族，造就了中华民族的辉煌历史，也必将创造出中华民族的光明未来"。

2. 弘扬劳动精神

进入新时代，习近平深刻指出，劳动没有高低贵贱之分，任何一份职业都很光荣。一切劳动，无论是体力劳动还是脑力劳动，都值得尊重和鼓励；一切创造，无论是个人创造还是集体创造，也都值得尊重和鼓励。人间万事出艰辛，一勤天下无难事。要在全社会大力弘扬劳动光荣、知识崇高、人才宝贵、创造伟大的时代新风，促使全体社会成员弘扬劳动精神。劳动模范和先进工作者、先进人物要身体力行向全社会传播劳动精神

和劳动观念。广大党员、干部要带头弘扬"勤俭、奋斗、创新、奉献"的劳动精神，牢固树立依靠劳动推动发展的理念，高度重视劳动、切实尊重劳动、鼓励创新创造，让劳动光荣、创造伟大成为铿锵的时代强音，让劳动最光荣、劳动最崇高、劳动最伟大、劳动最美丽蔚然成风。

3. 弘扬劳模精神

劳模精神是我国优秀传统劳动文化的时代结晶。习近平强调，劳模始终是我国工人阶级中一个闪光的群体，享有崇高声誉，备受人民尊敬。长期以来，广大劳模以高度的主人翁责任感、卓越的劳动创造、忘我的拼搏奉献，谱写出一曲曲可歌可泣的动人赞歌，铸就了"爱岗敬业、争创一流，艰苦奋斗、勇于创新，淡泊名利、甘于奉献"的劳模精神，为全国各族人民树立了光辉的学习榜样。劳模精神生动诠释了社会主义核心价值观，丰富了民族精神和时代精神的内涵，是我们极为宝贵的精神财富，是激励全国各族人民团结奋斗、勇往直前的强大精神力量。

4. 弘扬工匠精神

工匠精神表现为精于工、匠于心、品于行。习近平指出，大国工匠是职工队伍中的高技能人才，他们在长期的实践中积淀了刻苦钻研、精益求精、追求卓越、创造一流的职业素养。在中华民族数千年的历史长河中，工匠精神源远流长。"巧夺天工""独具匠心""技进乎道"等成语典故，体现的正是匠人们卓绝的技艺和精益求精的价值追求。工匠精神宣传要进入黄金时段、重要版面，影响和带动更多职工崇尚劳动、爱岗敬业。社会各方要为劳动模范、大国工匠发挥作用搭建平台、提供舞台，为劳模、工匠传承技能、传承精神创造条件，培养造就更多劳动模范、大国工匠。

（二）新时代劳动实践观

勤能补拙是良训，一分辛苦一分才。

——华罗庚

1. 大力倡导辛勤劳动

"辛勤劳动"是苦干。人生在勤，勤则不匮。幸福不会从天而降，美好生活靠劳动创造。习近平指出："实现中国梦，最终要靠全体人民辛勤劳动，天上不会掉馅饼！"一段时间以来，一些人忽视了劳动对推动人类历史发展的决定性意义，以为在市场经济和信息时代，劳动不再那么重要了，于是不重视劳动、不尊重劳动者。这些错误认识严重脱离我国经济社会发展的实际。我国是一个发展中的大国，而且是一个人口大国、劳动力大国。解决中国一切问题的关键是发展，而发展最根本的是要靠劳动。要破除妨碍劳动力、人才社会性流动的体制机制弊端，使人人都有通过辛勤劳动实现自身发展的机会。

2. 大力倡导诚实劳动

"诚实劳动"是实干。中国发展的伟大成就是中国人民用自己的双手创造的，是一代又一代中国人接力奋斗创造的。要努力营造鼓励脚踏实地、勤劳创业、实业致富的社会氛围，组织动员广大劳动群众立足本职岗位诚实劳动，用劳动成就伟业。无论从事什么劳动，都要干一行、爱一行、钻一行。正如习近平指出的："人世间的美好梦想，只有通过诚实劳动才能实现；发展中的各种难题，只有通过诚实劳动才能破解；生命里的一切辉煌，只有通过诚实劳动才能铸就。"

3. 大力倡导创造性劳动

"创造性劳动"是巧干。它是通过人的脑力劳动萌发出技术、知识、思维的革新，从而提升劳动效率、产生出超值社会财富或成果的劳动。习近平指出："当代工人不仅要有力量，还要有智慧、有技术，能发明、会创新，以实际行动奏响时代主旋律。"必须举全社会之力，深入推进产业工人队伍建设改革，健全技能人才培养、评价、使用、激励、保障等制度，激励广大劳动者走技能成才、技能报国之路，培养造就一大批知识型、技能型、创新型人才，为实现我国高质量发展提供智力支持和人才保证。

（三）新时代劳动正义观

1. 尊重劳动和劳动者，公平对待劳动

尊重劳动首先要尊重在一切劳动形式下从事劳动的主体——劳动者。习近平指出："任何时候任何人都不能看不起普

通劳动者，都不能贪图不劳而获的生活。在我们社会主义国家，一切劳动，无论是体力劳动还是脑力劳动，都值得尊重和鼓励；一切创造，无论是个人创造还是集体创造，也都值得尊重和鼓励。""劳动没有高低贵贱之分，任何一份职业都很光荣。"曾几何时，社会上出现了不重视劳动、不尊重劳动者的现象，不少人不愿意从事具体劳动，期望不通过踏实劳动而一夜暴富，这不利于重视劳动、尊重劳动者、鼓励劳动创造风气的保持，不利于劳动者正确思想道德观念的形成和树立，甚至给社会和谐稳定埋下隐患。对此，我们要保持足够的警惕和清醒。

2. 坚持分配正义，共享劳动成果

公平正义不仅是一种价值观念和伦理要求，也是一种现实的需要。经济与社会的发展既要依靠人民群众，也是为了人民群众，这是中国特色社会主义的一条铁的法则。2020 年 5 月 11 日，中共中央、国务院《关于新时代加快完善社会主义市场经济体制的意见》明确提出，坚持多劳多得，着重保护劳动所得，增加劳动者特别是一线劳动者劳动报酬，提高劳动报酬在初次分配中的比重，在经济增长的同时实现居民收入同步增长，在劳动生产率提高的同时实现劳动报酬同步提高。健全劳动、资本、土地、知识、技术、管理、数据等生产要素由市场评价贡献、按贡献决定报酬的机制。经济发展的根本目的在于让劳动者共享改革发展成果，促进社会公平正义。

3. 构建和谐劳动关系，实现体面劳动

劳动关系是生产关系的重要组成部分，是最基本、最重要的社会关系之一，其协调稳定影响并决定着一个社会的和谐。劳动创造了人类社会，在劳动基础上产生了各种各样的社会关系，劳动构成了人自身发展、人类社会进步的原动力。习近平总书记指出："要维护和发展劳动者的利益，保障劳动者的权利。要坚持社会公平正义，排除阻碍劳动者参与发展、分享发展成果的障碍，努力让劳动者实现体面劳动、全面发展。"党的十九届四中全会通过的《中共中央关于坚持和完善中国特色社会主义制度、推进国家治理体系和治理能力现代化若干重大问题的决定》强调："健全劳动关系协调机制，构建和谐劳动关系，促进广大劳动者实现体面劳动、全面发展。"

（四）劳动幸福观

幸福劳动是通往美好生活的起点和归宿，幸福劳动不同于体面劳动，它高于体面劳动，应该是"体面劳动＋全面发展"，既是通往美好生活的起点，也是追求美好生活的归宿。对此，习近平总书记有过许多精彩的阐述，"人民对美好生活的向往，就是我们的奋斗目标""幸福不会从天而降，梦想不会自动成真""造福广大劳动者""促进广大劳动者体面劳动、舒心工作、全面发展"，等等。习近平总书记把劳动与成功、幸福联系起来，进一步丰富了马克思主义劳动范畴。人得以自由全面发展，能够更有尊严、更加智慧、更加优雅、更加幸福地生活，全面打造一个属于劳动者的时代，真正实现国家富强、民族振兴、人民幸福。

案例分析

2022年全国十大"最美职工"——王学勇

2003年，王学勇加入奇瑞公司，扎根一线从事汽车装调工作19年。在他看来，汽车装调工就像为汽车做检查和诊治的"外科医生"，需要耐心细致和过硬的专业技能。

王学勇刻苦钻研，练出了能够根据车辆运行异响"听声诊断"的金耳朵、能够迅速排查出隐藏问题的"火眼金睛"。他主要负责新产品试制验证、新产品缺陷识别及前期风险规避、量产后的人员培训等工作，提出技术创新和工艺改进方案等1 000多项，推动了"中国制造"产品质量和工作效率的提升。王学勇先后被汽车行业授予"操作技术能手""最美汽车人"等称号，还荣获"全国五一劳动奖章"及"全国青年岗位能手标兵""安徽工匠年度人物""江淮杰出工匠""安徽省战略性新兴产业技术领军人才"等荣誉称号。

多年来，王学勇通过"大师工作室"，培养了中、高级技能人才400余名，其中高级工以上78人。他的徒弟齐金华荣获"安徽省劳动模范"，郑昆龙荣获"安徽省青年岗位能手"，王浩荣获"芜湖市五一劳动奖章"等荣誉称号。

"我希望能和我的工作室团队一起，成为中国最好的汽车产业工人，让中国自主品牌汽车的口碑越来越响！"在王学勇看来，一辈子扎根一个行业，踏踏实实把这一行干好干精，一丝不苟，追求卓越，就是"工匠精神"的具体体现。

思考： 王学勇在劳动实践中体现了怎样的劳动价值观？

分析： 王学勇从业以来，一直扎根在汽车装调工作一线，通过辛勤劳动，不怕苦，不怕累，多年如一日地刻苦钻研，不断开拓创新，创造性研发新的技术，帮助车间解决高级汽车装调问题。从2003年参加工作至今，多次在全国、省市技能赛事中获奖，斩获"全国青年岗位能手标兵""江淮杰出工匠""安徽工匠"等荣誉。在取得荣誉之后，王学勇依然坚持通过劳动创造幸福，尊重每一位劳动者，积极培养徒弟，坚持和团队共同进步、共享劳动成果。作为青少年学生，要学习王学勇的劳动精神，在工作岗位上勤勤恳恳，勇于奉献，善于创新，一丝不苟，追求卓越，在平凡的岗位上创造出不平凡的业绩。

拓展训练

主题辩论活动

有的同学认为勤劳一定可以致富；有的同学则认为勤劳不能致富，勤劳不仅不能致富，相反会导致贫困。请以"勤劳能致富，还是不能致富？"为主题，开展小组辩论赛。

1. 活动主题： 勤劳能致富，还是不能致富？

2. 活动时间： 班会课或者自习课。

3. 活动实施：

（1）全班同学选择正反方，进行组队。

（2）分小组讨论。每个组员搜集相关佐证，进行小组讨论。

（3）每个小组将这些例子以图片、电子演示文稿（PPT）、小视频等形式展示出来。

（4）明确辩手分工，选出最佳辩手，整合小组讨论结果。

（5）班会课或者自习课进行辩论赛。

1.3 中国劳动教育的前世今生

案例导入

匠心 —— 奏响新时代劳动者之歌

王要飞，中国石油管道局工程有限公司第三工程分公司电焊培训教师，32岁的他已经是中国石油管道局里的"焊接大拿"了。他以优异的成绩获得了第六届全国职工职业技能大赛焊工决赛个人第一名，被称为焊接"神枪手"。

2004年，17岁的王要飞初中毕业，由于成绩不太好，他没能考上高中继续学习。当木匠的父亲让他去学电焊，家里东拼西凑，才凑齐学费。就这样，王要飞背着行囊，怀揣着2 000元钱，以及家人的期待，来到开封市高级技工学校，开始学习电焊。

2005年，18岁的王要飞因成绩优异被招聘到中国石油管道三公司第五管道工程处，正式成为一名电焊工。从学校到公司，对沉默寡言的王要飞来说，又是一个挑战，老师教的点焊，到这里才发现只能算是皮毛。经过3个月的严格培训后，王要飞跟随第五管道工程处参与了邳连支线管道施工。这对于首次上线的王要飞来说意义非凡，他对管道焊接有了深入的认识。

平时，王要飞总是利用工休和基地休假时间，加班攻克技术难点，很快他的焊接水平直线上升，从潜力选手蜕变成技术能手，全线焊接保持98.9%的高合格率。凭借过硬的焊接技术，王要飞被单位推荐到各种技能比武大赛。在众多技能比武大赛中，他一方面沉着发挥，另一方面向竞争对手请教学习，弥补不足。从2009年至今，王要飞先后参加过10余次公司及全国各级别的技能大赛，靠着精湛的技艺和优秀的表现，屡获殊荣。

他认为："起点低不怕，只要嘴勤点、手勤点，比别人多付出点，我相信自己肯定能成长得更快。我相信幸福是奋斗出来的！"

思考：

1. 王要飞在工作中体现了怎样的精神品格？

2. 王要飞的成功给了你哪些启示？

知识储备

劳动教育使学生树立正确的劳动观点和劳动态度，热爱劳动和劳动人民，养成劳动习惯的教育，是学生德智体美劳全面发展的主要内容之一。

当代学者陈勇军认为："劳动教育的本质含义是指通过参加劳动实践活动所进行的一种有目的、有计划、有组织地培养受教育者多种素质的教育活动，是融德育、智育、体育、美育为一体的全面提高学生素质的综合性教育。"

一、我国劳动教育的发展历程

中华人民共和国成立后，中国共产党对马克思主义的教劳结合思想做了创造性实践和发展，并把这一原理作为党的教育方针。毛泽东同志多次就教育与生产劳动相结合问题提出指导性意见，并在一次讲话中明确指出，"教育必须为无产阶级政治服务，必须同生产劳动相结合，劳动人民要知识化，知识分子要劳动化"。1949—1956年是新民主主义建设时期，国家将这一时期的教育方针定义为"为工农服务，为生产建设服务"，通过教育支援工农生产，通过教育推动国家建设。从1954年开始，中共中央开始积极引导中学毕业生从事劳动生产，在思想上和政治上向党靠拢，推动劳动教育的文化熏陶，培养合格的社会主义建设者。

1958年1月，毛泽东在《工作方法六十条（草案）》中，又对各级各类学校有关工农业生产劳动活动的安排做了明确的规定。1974年，在"开门办学"思想指导下，学生全部参加"五七"干校和到农村插队，进行劳动锻炼和思想改造。劳动教育在我国的教育方针中有了一席之地。

改革开放揭开了时代新篇章，劳动教育改革也提上了日程。1981年，《关于建国以来党的若干历史问题的决议》提出了要"坚持德智体全面发展、又红又专、知识分子与工人农民相结合、脑力劳动与体力劳动相结合的教育方针"。

1986年又提出了把德智体美劳五育全面发展的教育思想。

1993年党中央发布的《教育改革和发展规划纲要》指出："坚持教育与生产劳动、社会实践相结合……鼓励学生积极参与志愿服务和公益事业。"

1999年，中共中央办公厅发布的《中共中央国务院关于深化教育改革全面推进素质教育的决定》中强调要加强"劳动技术教育和社会实践"，使学生接触自然、了解社会，培养热爱劳动的习惯和艰苦奋斗的精神，强调使诸方面教育相互渗透、协调发展，促进学生的全面发展和健康成长，"教育与生产劳动、社会实践相结合"成为新时期的教育方针。在21世纪新一轮课改中，义务教育阶段的劳动技术教育不再作为单独的课程开设，而归并到综合实践中，对劳动教育做了宽泛的理解。

2001年，《国务院关于基础教育改革与发展的决定》（以下简称《决定》）发布，赋予了劳动教育愈加丰富的内涵与要求，推动了劳动教育迈入整合发展的时代。

2010年，《国家中长期教育改革和发展规划纲要（2010—2020年）》进一步强调了坚持教育教学与生产劳动、社会实践相结合，加强劳动教育，培养学生热爱劳动人民的情感，对教育与生产劳动相结合的方针进行了更加深化的阐述，并融入了新时期教育改革的思想。

2018年9月10日，针对当前一些青少年中出现的"不爱劳动、不会劳动、不珍惜劳动成果"的现象，习近平总书记在全国教育大会上特别强调了劳动教育的重要性，把"劳"与"德智体美"相并列，明确将育人目标从"德智体美"拓展为"德智体美劳"。习近平总书记在全国教育大会上提出："要在学生中弘扬劳动精神，教育引导学生崇尚劳动、尊重劳动，懂得劳动最光荣、劳动最崇高、劳动最伟大、劳动最美丽的道理，长大后能够辛勤劳动、诚实劳动、创造性劳动。"教育要与生产劳动相结合不仅是马克思主义的基本观点，也是我国教育的基本方针。

2019年，政府教育工作要点明确指出，要大力加强劳动教育，全面构建实施劳动教育的政策保障体系，修订教育法将"劳"纳入教育方针。新时代下的劳动教育，旨在树立学生正确的劳动观念和劳动态度，培养学生勤于劳动、善于劳动的习惯和本领，让学生意识到劳动是实现个人全面发展的基础。

2020年3月20日，中共中央、国务院印发了《关于全面加强新时代大中小学劳动教育的意见》（以下简称《意见》）。《意见》中特别提出了健全劳动素养评价制度，强调将劳动素养纳入学生综合素质评价体系，制定评价标准，建立激励机制，组织开展劳动技能和劳动成果展示、劳动竞赛等活动，全面客观地记录课内外劳动过程和结果，加强实际劳动技能和价值体认情况的考核，把劳动素养评价结果作为衡量学生全面发展情况的重要内容，作为评优评先的重要参考和毕业依据，作为高一级学校录取的重要参考或依据。这一重大举措对于系统培育学生生活劳动、生产劳动、服务性劳动的技能，提升人们的职业素养，提升全社会的职业水平，营造全社会良好的职业生态具有重大深远的意义。

二、劳动教育的意义

（一）劳动教育是遵循马克思主义教育思想的必然要求

马克思在《1844年经济学哲学手稿》中指出："正是在改造对象世界中，人才能真正地证明自己是类存在物。"他强调："对社会主义的人来说，整个所谓世界历史不外是人通过人的劳动而诞生的过程。"因此，人民创造历史，劳动开创未来，劳动是推动人类社会进步的根本力量，是人民美好生活的源泉。构建德智体美劳全面培养的教育体系，加强劳动教育，是回归人之本质、回归学生自身主体性的教育方式，能够帮助学生在自主实践中发现自我，通过双手改变和创造自己的生活。

（二）劳动教育是立德树人的重要途径

立德树人既是教育的根本任务，也是检验教育成效的根本标准。立德树人的目的在于培养德智体美劳全面发展、合格的社会主义建设者和可靠接班人，劳动教育则是实现立德树人目标的一个重要过程。

（三）劳动教育是劳动价值观形成的现实需要

无论是国家富强，还是民族复兴、人民幸福，离开了劳动，都是无源之水、无本之木。劳动教育是劳动和教育的有效结合，一方面发挥劳动的实践效用，通过利用和总结实践经验实现理论和实践相结合、知行合一，人们得以在实践中学习、在学习中实践；另一方面发挥教育的效用，增进学生对于劳动生产知识和技术的认识与理解，提高学生的劳动实践能力及分析和解决问题的水平。在现实生活中，由于社会物质生活的丰富和传统家庭教育方法的偏颇，学生应该做的事情都由家长包办了，部分青少年连起码的洗衣、扫地、整理物品、料理个人日常生活的小事都做不来、不会做。因此，劳动教育与德育、智育、体育、美育密不可分，有助于完善教育工作，培养德智体美劳全面发展的人才。

劳动教育具有以劳树德、以劳增智、以劳强体、以劳育美的价值引领作用。它不仅能够培养热爱劳动、依靠自我劳动的道德品质和人格品质，还能增进智慧、增强体质、磨砺意志、促进身心健康，更能丰富对人生的理解感悟、增强对自我发展和成功体验审美意义的理解。所有这些，构成了新时代劳动观的完整理论图谱，对于解决中国当下的社会现实问题，具有重要的理论指导意义。

三、新时代劳动教育观

名 人 名 言

只有劳动才能使人尊严地活着，劳动对每个人来说不仅是一般意义上的生存需要，而是体现一个人生命的价值，任何劳动都会受人尊重。

——路遥

（一）教育必须和劳动相结合

《关于全面加强新时代大中小学劳动教育的意见》强调要把劳动教育与德育、智育、体育、美育相融合，积极探索具有中国特色的劳动教育模式，明确指出劳动教育的总体目标是"通过劳动教育，使学生能够理解和形成马克思主义劳动观，牢固树立劳动最光

荣、劳动最崇高、劳动最伟大、劳动最美丽的观念"。党的二十大报告指出，全面贯彻党的教育方针，落实立德树人根本任务，培养德智体美劳全面发展的社会主义建设者和接班人。

（二）构建德智体美劳全面培养的教育体系

习近平总书记明确提出，要以凝聚人心、完善人格、开发人力、培育人才、造福人民为工作目标，努力构建德智体美劳全面培养的教育体系，形成更高水平的人才培养体系，并强调要在学生中弘扬劳动精神，教育引导学生崇尚劳动、尊重劳动，将劳动教育纳入新时代"培养什么人"这一"教育首要问题"的总体要求之中，把劳动教育的地位和意义提到了前所未有的高度。

案例分析

曹景芳，用一块"橡皮"让机组正常运转

曹景芳1999年大学毕业后，进入邹县发电厂工作，在日常工作中坚守恒心、秉持匠心、锤炼创心、不忘初心，先后从事汽机检修、精密诊断工作，2011年至今担任生技部精密诊断中心组长。先后荣获"齐鲁工匠""华电集团劳动模范""中央企业技术能手""全国优秀创新工匠"等称号，并获得"山东省兴鲁劳动奖章"。2019年入选国资委中央企业"百名杰出工匠"培养支持计划，2020年享受国务院政府特殊津贴。

精密诊断的作用和医院有些类似，只不过医生是给病人看病，他们是给发电厂的设备看病。医生看病是通过量体温、看心电图、做B超等手段来判断病人健康情况，而精密诊断是通过振动、红外、超声、油液四项技术给设备看病。医生可以通过与病人之间的交流来得知病人的感受，但发电厂的设备是不能张口说话的，这也增加了他们准确诊断的难度。

曹景芳

在十余年的工作经验中，曹景芳认为，振动诊断是精密诊断中最核心也是最难掌握的一门技术，不仅需要熟练掌握振动诊断理论、有一定的实践经验，还要熟悉设备结构、检修工艺，有时甚至还要了解掌握相关的运行知识，对人员素质要求极高，不沉下心来下一番苦功夫是很难掌握的。

这十几年来，曹景芳一直处于学习状态中，深刻感受到在这个岗位上从一无所知到独当一面带来的改变，更相信是这些年的坚守恒心、勤学苦练才成就了今天的自我。

为提高行业从业人员水平，曹景芳积极向行业内人员传授、推广精密诊断技术，多次应邀在中国电力设备管理协会、华电、大唐、中电投、国家电投举办的培训班上授课，累计培训超 1 000 人次。

阳光让世界充满温暖，奉献让生命绽放光华，创新让企业焕发活力。曹景芳表示，在今后的工作中，将一如既往地立足平凡岗位，坚守初心，尽职尽责地做好本职工作，力争为企业高质量发展做出更多的贡献！

思考：看完曹景芳的故事，你有什么感悟？

分析：从曹景芳的事迹中，充分体现出"三百六十行，行行出状元"，在平凡的岗位上，只要尊重劳动、崇尚劳动，同样可以创造出不平凡的事迹和成绩。

拓展训练

"绘制劳动教育发展路径图"主题活动

1. **活动主题：**绘制我国劳动教育发展路径图。
2. **活动时间：**1周。
3. **活动实施：**

小组合作，查询资料，绘制我国劳动教育发展的路径图；调研不同年龄段的社会群体，对比不同时期和学习阶段的劳动教育课程的教学情形，思考学校为什么要进行劳动教育，做一次主题分享。

知识链接

劳动生产工具的演变

创造和使用工具是人类终于从蒙昧的野人时代进化到原始社会时代的终极原因。石器的使用使原始人类极大地提高了在原始大地上生产生存的能力，从而开创了人类成为地球主宰的时代。

石器工具

青铜器时代对应于奴隶社会，铁器时代对应于封建社会。青铜工具比石制工具更易于制造和使用，因而可获得更高的劳动效率，而铁器比青铜器更易于锻造，而且更加坚硬和锋利，更利于制作农业生产工具。

青铜器工具

机器的使用开创了人类的有动力工具时代，人类进入资本主义社会，动力工具的使用极大地加快了生产力发展，人类社会进入更高的发展阶段。

珍妮纺织机

瓦特改良的蒸汽机

信息时代互联网的发展和应用几乎把地球上的每个人都联系起来，工业生产中出现了各种各样的机器人。

电子计算机技术

工业机器人

物联网技术和大数据以及越来越多的机器人代替人工，甚至是完全替代，实现了"无人工厂"，对人工的解放做到了极致。

智能工厂

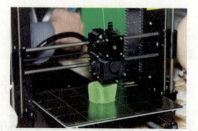

3D 打印技术

劳动精神与劳动素养　模块2

模块导读

劳动精神是劳动者精神风貌的体现。随着时代的发展，劳动精神的内涵不断丰富，新时代劳动精神表现在尊重劳动、劳动平等、劳动创造、劳动幸福等方面。遵守各项劳动纪律也是劳动精神的重要体现。为了提升劳动素养，鼓励青少年学生向劳模学习，以劳模为榜样，把劳模精神、劳动精神、工匠精神作为自己勇往直前的精神力量，树立辛勤劳动、诚实劳动、创造性劳动的理念，通过校园生活和日常自我管理等多种渠道培养劳动素养，提升劳动能力。

认知目标

1. 了解新时代劳动精神的核心内涵，掌握新时代劳动精神的具体要求。
2. 理解工匠精神的内涵，了解中职学校培育塑造工匠精神的路径。
3. 了解劳模精神的概念和内涵，认清自己劳动素养的现状及提升劳动素养的途径。

情感态度观念目标

1. 树立劳动光荣、劳动伟大、劳动美丽的劳动观念。
2. 学习和践行劳动精神、劳模精神和工匠精神。
3. 培养遵守劳动纪律的良好习惯。

运用目标

1. 在专业技能学习中，追求卓越，精益求精。
2. 以劳动模范、大国工匠为榜样，积极向他们学习。
3. 在日常生活中，积极参与劳动，遵守劳动纪律。

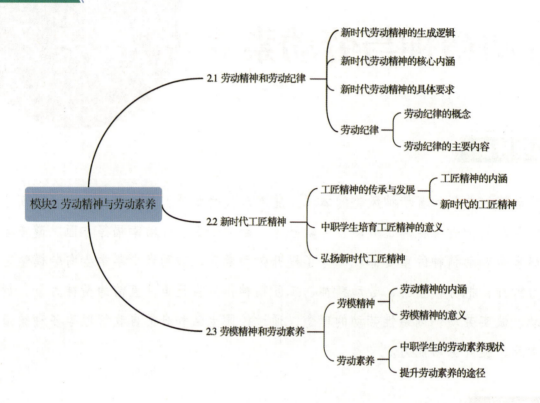

模块2 劳动精神与劳动素养

- 2.1 劳动精神和劳动纪律
  - 新时代劳动精神的生成逻辑
  - 新时代劳动精神的核心内涵
  - 新时代劳动精神的具体要求
  - 劳动纪律
    - 劳动纪律的概念
    - 劳动纪律的主要内容
- 2.2 新时代工匠精神
  - 工匠精神的传承与发展
    - 工匠精神的内涵
    - 新时代的工匠精神
  - 中职学生培育工匠精神的意义
  - 弘扬新时代工匠精神
- 2.3 劳模精神和劳动素养
  - 劳模精神
    - 劳动精神的内涵
    - 劳模精神的意义
  - 劳动素养
    - 中职学生的劳动素养现状
    - 提升劳动素养的途径

2.1 劳动精神和劳动纪律

案例导入

一定要把中国大飞机搞上去

　　C919 大型客机是中国首款按照最新国际适航标准，具有自主知识产权的大型喷气式民用飞机。C919 的出现，标志着我国民航发展史达到一个新的里程碑。

　　21 世纪初，中国制造业面临着"卖一台计算机只赚 1 捆大葱钱，出口 1 亿双鞋才换回 1 架空客飞机"的尴尬现状。我国的制造企业大多长时间处于产业价值链的低端，长时间在制造业强国面前扮演"打工

仔"的角色。为了改变这一现状，增强核心竞争力，国务院出台了《国家中长期科学和技术发展规划纲要（2006—2020年）》，正是这个纲要催生了国产大型客机项目的落地。

众所周知，飞机是有史以来构造最复杂的工业产品之一，与我们日常生活中经常接触的汽车、手机、电脑等产品相比，复杂程度高了不知道多少倍。一架飞机，需要几百万个零部件，涉及的技术和材料非常庞杂。

吴光辉是中国工程院院士、中国商用飞机有限责任公司（以下简称"中国商飞"）副总经理、C919大型客机总设计师。C919的研发过程历尽艰辛，但对于C919的未来，吴光辉满怀信心："虽然有困难，但我很欣慰地看到一支年轻队伍正在快速成长。中国商飞35岁以下的年轻人占了75%。这支队伍在经验方面可能有欠缺，但是有朝气、肯拼搏、后劲足。"正是这帮航空人秉承"埋头苦干、默默奉献、锐意进取、争创一流"的劳动精神，通过不懈努力，国产民用大飞机终于诞生！

与此同时，大飞机的研制，有效提升了我国航空产业配套升级，对国民经济和相关产业的带动作用开始显现。以5G、大数据、云计算、人工智能为代表的信息技术催生数字经济到来，为大飞机的研制、生产和运营带来新机遇。伴随着飞机制造的智能化水平加速推进，一个融合新一代信息技术、先进制造业于一体的现代商用飞机总装基地正在崛起，并不断向外辐射，带动航空产业创新生态加快形成。

思考：

1. 中国自主研制生产大飞机，体现了怎样的劳动精神？

2. 你是如何理解劳动精神的？

知识储备

劳动精神是每一位劳动者在劳动过程中秉持的劳动态度、劳动理念及其展现出的劳

劳动最伟大

动精神风貌。在不同的社会形态下，由于对劳动的理解不同，劳动精神也有差异。在以马克思主义理论为指导，进行中国特色社会主义伟大实践的条件下，劳动者的劳动精神表现为"劳动光荣，劳动伟大"的劳动理念，"爱岗敬业，争创一流"的劳动态度，"淡泊名利，甘于奉献"的劳动品德，"艰苦奋斗，勇于创新"的劳动习惯。

一、新时代劳动精神的生成逻辑

中国广大劳动者经过革命、建设和改革时期的伟大实践，继承中华优秀传统文化基因，孕育了中国特色社会主义劳动精神。随着时代的发展，中国特色社会主义劳动精神的内涵不断丰富，呈现"尊重劳动、劳动平等"的价值导向性，倡导"劳动创造"的实践创新性，强调"劳动神圣、劳动光荣"的精神幸福性。新时代劳动精神作为劳动的精神产物，既体现马克思主义理论的思想性，又体现广大劳动者劳动的实践性，是理论与实践的统一；既体现与时俱进的时代性，又蕴含文化基因的传统性，是历史与现实的统一。

（一）马克思主义劳动价值论是新时代劳动精神生成的思想源泉

马克思

劳动价值论在马克思主义理论体系中处于基础地位，揭示了劳动的本质属性和劳动推动人类发展的重要作用。因此，马克思主义劳动价值论是劳动精神的理论源头。在中国社会主义革命、建设和改革实践中，中国共产党人以马克思主义劳动价值论为指导，结合中国发展的实际形成了中国化的马克思主义劳动思想。它继承和发展了马克思主义劳动价值论的精髓，对劳动及劳动者的地位和尊严给予了充分的肯定，为新时代劳动精神的形成发展注入了中国元素。

（二）广大劳动者的劳动实践是新时代劳动精神生成的实践基础

劳动最光荣

在中国社会主义革命、建设和改革中，广大劳动者奋勇拼搏、艰苦创业，这种强大精神力量是新时代劳动精神生成的实践基础。

（三）中华优秀传统文化是劳动精神生成的文化基因

中华民族是以辛勤劳动而著称的民族，也正是凭借着劳动精神，我们书写了中华民族5 000年的辉煌历史，创造了光耀世界的华夏文明。劳动精神与中华民族崇尚劳动的文化传统分不开，传承劳动精神需要我们将传统文化中的良性基因加以创新性变革。第一，勤劳是中华民族最基本、最突出的传统美德。中华民族之所以能在人类历史的长河中屹立不倒，创造出璀璨的民族文化和辉煌的民族历史，都要归功于劳动。第二，尊重劳动是中华优秀传统文化的重要思想。在中国传统文化中，"民为邦本，本固邦宁""因民之所利而利之"等，均体现了以劳动人民作为强基固本的思想。第三，传统文化作品注重对劳动精神的人格化塑造。

（四）社会主义核心价值观是劳动精神生成的价值导向

劳动精神是社会主义核心价值观的应有之义，既包含对劳动价值的判断，也包括对劳动的态度，生动诠释着社会主义核心价值观中蕴含的劳动内容。第一，劳动价值的回归与社会主义核心价值观的价值理念相吻合。中国梦的实现"根本上靠劳动，靠劳动者创造"。"富强、民主、文明、和谐"是社会主义核心价值观在国家层面的准则，与劳动精神的价值倡导高度一致。只有广大学生树立正确的劳动观念，积极参加劳动实践，才能确保"富强、民主、文明、和谐"的价值观念在中国大地落地生根。第二，劳动态度的培养与社会主义核心价值观的价值准则相契合。弘扬劳动精神有利于培养学生"爱岗敬业、争创一流、艰苦奋斗、勇于创新"的劳动态度，这与社会主义核心价值观在个人层面提倡的"爱国、敬业、诚信、友善"的价值准则高度契合。第三，劳动实践的锻炼与社会主义核心价值观的价值取向相融合。劳动实践中锻炼出的岗位意识、职业精神、进取精神、拼搏精神、创新精神、家国情怀和奉献精神等，正是对社会主义核心价值观的生动呈现。

二、新时代劳动精神的核心内涵

伟大实践孕育伟大精神，伟大精神引领伟大实践。在长期实践中，我们培育形成了"崇尚劳动、热爱劳动、辛勤劳动、诚实劳动"的劳动精神。劳动精神是中国共产党人精神谱系的重要内容，是以爱国主义为核心的民族精神和以改革创新为核心的时代精神的生动体现，意蕴丰富，历久弥新。新时代劳动精神有着丰富的内涵，不仅在内容上继承并发展了马克思主义劳动价值观和中华民族传统优秀的劳动观念，而且还彰显了"辛勤劳动、诚实劳动、创造性劳动"的新理念，倡导"劳动光荣、技能宝贵、创造伟大"的时代风尚，生成了一种"劳动者至上、劳动者平等、劳动者可敬、劳动最光荣、劳动最崇高、劳动最伟大、劳动最美丽"的劳动观。

（一）在劳动人格上倡导"尊重劳动"

"尊重劳动"是新时代劳动精神蕴含的核心要义。第一，尊重劳动是对每个人的道德要求。劳动不仅创造了世界和人本身，而且为推动社会进步提供了必备的物质基础，因此一切劳动都应当受到尊重。第二，尊重劳动者创造的价值。劳动者付出了劳动，为社会创造了物质财富和精神财富，有权利获得必要的回报，任何拖欠和克扣劳动者工资的行为都是剥削劳动者的行为，都是对劳动的不尊重。第三，维护劳动者的尊严。要合理安排劳动者的劳动时间，维护劳动者合法权益，保障劳动者合法权益不受侵犯，创设更舒适安全的劳动环境，让劳动者心情舒畅，在工作中体会到劳动的快乐和收获的幸福。

（二）在劳动权利上倡导"劳动平等"

劳动是公民的基本权利，即任何劳动者在不影响他人的情况下都具有从事其想从事的劳动的权利，而劳动平等是维护劳动权利的基本条件和维护劳动尊严的基本保障。第一，强调人人享有平等的劳动机会，即所有的劳动者都能够有机会平等地参与劳动，从平等的机会中体现公平的劳动竞争，体现努力的劳动价值，体现对劳动的尊重。第二，反对一切劳动歧视与偏见。第三，强调人人都可以通过劳动做贡献。

（三）在劳动使命上倡导"劳动神圣"

劳动具有光荣和神圣的意义。第一，劳动是宪法赋予的、不可剥夺的权利和义务。我国宪法规定，"公民有劳动的权利和义务"。劳动一方面是公民依法"行使的权利"，另一方面也是公民依法"应尽的义务"。第二，劳动是我们生存于世界的最为神圣的活动。每个公民通过行使劳动权利，为社会提供产品和服务，也从社会获取报酬，发展自我。第三，劳动果实是圣洁的。劳动果实是诚实劳动、精诚合作的劳动结晶。

（四）在劳动实践上倡导"劳动创造"

新时代科学技术迅猛发展，弘扬劳动精神更加注重培养学生的实践性和创新性。第一，培养服务至上的敬业精神。新时代弘扬劳动精神强调劳动的实践体验性，注重融入性和探究性，强调直接经验而不是间接经验，倾向于尝试、感悟和技能的建构，在劳动中有效提升学生的动手能力、沟通合作能力及解决实际问题的能力，培养学生的职业道德，养成学生专业、敬业的工匠精神。第二，培养精益求精的品质。新时代劳动精神的培养注重与技术相结合，以技术应用和技术创新为核心，紧跟现代技术的发展态势，帮助每个学生建构符合其个性且适应未来发展需要的技术素养体系，进而引导学生在工作中养成认真严谨、精益求精的工匠精神。第三，培养追求卓越的创造精神。新时代劳动精神的培养与"创新驱动"的国家发展战略相结合，提倡"做中学""学中做"，注重创新意识的提升、创新思维的训练和创新能力的培养，鼓励学生不断追求卓越，进而在全社会弘扬"劳动光荣、技能宝贵、创造伟大"的劳动风尚。

（五）在劳动成就上倡导"劳动光荣"

在劳动成就上，新时代劳动精神倡导每个人通过自己的劳动，收获满足感、快乐感、尊严感，在创造丰富物质财富的同时，拥有丰盈的精神世界。从个人层面而言，一方面，个体可以通过劳动充分发挥自身的积极性与创造性，学会与人合作，追求个体幸福，享受劳动尊严；另一方面，通过劳动磨砺人的意志，培养勤俭节约、勤劳勇敢、艰苦奋斗、坚韧不拔等精神品质。从社会层面而言，劳动推动社会进步，让全社会的生活质量得以整体提升。通过劳动，人们用自己的辛勤汗水和努力奋斗，为推动社会文明进步做出贡献，用自己的劳动成就书写平凡中的伟大，实现个人价值与社会价值的统一。

三、新时代劳动精神的具体要求

勤劳勇敢、爱岗敬业、诚实守信的实干精神，是劳动精神的深刻内涵；锐意进取、建功立业、甘于奉献的奋斗精神，是劳动精神的更高体现；精益求精、执着专注、追求卓越的创新精神，是劳动精神的专业要求。劳动精神是所有劳动者的财富、动力、追求，是鼓舞劳动者、激励劳动者、鞭策劳动者的核心源泉。

劳动精神是为广大劳动群众在平凡岗位上创造不平凡业绩，提供强大精神动力的劳动态度、劳动习惯、劳动观念及其整体精神面貌，主要内容包括热爱劳动、开创未来、埋头苦干、默默奉献、坚定信心、保持干劲。

其中，热爱劳动是劳动精神的首要内容。埋头苦干的精神，在本质上也体现了精益求精的工匠精神、默默奉献的劳动精神，体现了广大劳动群众的崇高境界和伟大品格。

我们处在一个攻坚克难、砥砺前行、创造奇迹的美好时代，既需要更多敢立潮头的"弄潮儿"挺身而出，更需要千千万万的劳动者埋头苦干。党的十八大以来，每逢"五一"国际劳动节，习近平总书记都会通过各种方式表达对广大劳动者的无比敬意，反复强调大力弘扬劳动精神，就是要激励广大劳动者在追梦圆梦的征途上努力奔跑，以辛勤劳动、诚实劳动、创造性劳动托举梦想、成就梦想，谱写一曲感天动地、气壮山河的奋斗赞歌。

名 人 名 言

最有幸福的，只是勤劳的劳动之后。劳动能给人以完全的幸福。

——瞿秋白

四、劳动纪律

（一）劳动纪律的概念

劳动纪律又称为职业纪律或职业规则，是指劳动者在劳动过程中应遵守的劳动规则和劳动秩序。根据劳动纪律的要求，劳动者必须按照规定的时间、质量、程序和方法，完成自己承担的生产和工作任务。

人们从事社会劳动，不论在任何生产方式下，只要进行共同劳动，就必须有劳动纪律。否则，集体生产便无法进行。马克思曾说过，"一个单独的提琴手是自己指挥自己，一个乐队就需要一个乐队指挥"，在共同劳动中，劳动纪律就是"乐队指挥"，每一位劳动者必须遵守劳动纪律的要求。

（二）劳动纪律的主要内容

劳动纪律主要包括以下几方面内容：

（1）严格履行劳动合同及违约应承担的责任（履约纪律）。

（2）按规定的时间、地点到达工作岗位，按要求请休事假、病假、年休假、探亲假等（考勤纪律）。

（3）根据生产、工作岗位职责及规则，按质、按量完成工作任务（生产、工作纪律）。

（4）严格遵守技术操作规程和安全卫生规程（安全卫生纪律）。

（5）节约原材料、爱护用人单位的财产和物品（日常工作生活纪律）。

（6）保守用人单位的商业秘密和技术秘密（保密纪律）。

（7）遵纪奖励与违纪惩罚规则（奖惩制度）。

（8）与劳动、工作紧密相关的规章制度及其他规则（其他纪律）。

案例分析

用科技给快递插上"翅膀"

广州邮区中心局江高中心一派繁忙景象。跟6个足球场一样大的生产车间里，双层包裹分拣机的传输皮带上载满了邮件。"晚上10点到凌晨4点，是接发邮件的高峰期，也是邮件处理中心最繁忙的时刻。"广州邮区中心局设备维护分局汪磊说，无论何时何地，只要有技术问题，他都会带领团队第一时间解决。

2020年是汪磊从事信息技术开发和管理工作的第13个年头，他带领技术团队先后完成6套信息管理系统，并在邮政系统推广使用。在每年的旺季生产期间，他连续10多天每天工作16个小时以上，与技术团队挖掘设备潜力，提高设备效能，保障设备系统稳定运行。在他和团队的技术支撑下，2020年春节旺季，广州邮区中心局包件分拣量超320万件/日，创下历史新高。

成功的背后，是无数个不眠之夜。软件开发是脑力劳动，尤其是在写程序过程中，思路不能被打断。晚上是汪磊效率最高的时候，很多核心的、关键的代码都是晚上开发出来的，还有很多想法、点子也是半夜想出来的。一年中，他有一半的时间都在加班。

在邮件快速处理的背后，汪磊和技术团队随时准备着，以应对各类突发情况，为生产作业平稳保驾护航。晚上10点后才是邮件量处理的高峰期，半夜接到电话去处理故障和问题，对汪磊来说已经习以为常。"所有的问题到我这里只能解决，必须解决。"

2020年12月，汪磊被评为广东省劳动模范。

思考：

1.汪磊身上展现出怎样的劳动精神？

2.结合所学专业，谈谈如何将劳动精神落实在学习和工作中。

分析： 劳动模范汪磊在工作岗位上富有闯劲、干劲、钻劲，彰显出崇尚劳动、热爱劳动、辛勤劳动、诚实劳动的劳动精神。正是因为像汪磊这样的劳动者们勇敢地闯、大胆地干、执着地钻，才让神州大地处处都有新变化、新气象。汪磊不愧为新时代最美奋斗者！

拓展训练

主题调研

1.活动主题： 以"劳动最光荣""劳动最崇高""劳动最伟大""劳动最美丽"为主题进行调研。

2.活动时间： 一周。

3.活动实施：

（1）将学生分成小组。

（2）每个小组在"劳动最光荣""劳动最崇高""劳动最伟大""劳动最美丽"中选择其一进行调研，通过调研用图片、案例等形式，展示对调研主题的理解，并谈一谈调研后的感受。

（3）每个小组展示自己的调研成果，可以PPT或者视频形式汇报调研成果。

（4）师生对各小组调研结果进行评价。

2.2　新时代工匠精神

港珠澳大桥

港珠澳大桥是中华人民共和国境内一座连接香港、广东珠海和澳门的桥隧工程。港珠澳大桥东起香港国际机场附近的香港口岸人工岛，向西横跨南海伶仃洋水域接珠海和澳门人工岛，止于珠海洪湾立交；桥面为双向六车道高速公路，设计速度100千米/小时；工程项目总投资额1 269亿元。

大桥全长55千米，有15千米为全钢结构钢箱梁，海底沉管隧道长6.7千米，最深处在海底48米，创造了多项"世界第一"。其深水无人对接的公路沉管隧道，沉管在海平面以下13米至48米不等的海底无人对接，对接误差必须控制在2厘米以内。由33节巨型沉管组成的沉管隧道是目前世界最长的海底深埋沉管隧道，在深达40米的水下，每一次沉管对接犹如"海底穿针"，受基槽异常回淤影响，E15节在安装过程中经历三次浮运、两次返航；同时建设者们还要面对高温、高湿、高盐的恶劣环境，建设难度之大可想而知。面对诸多世界级难题，中国建设者勇于挑战、攻坚克难，自主研发、创新实践，以"走钢丝"的慎重和专注，经受了无数没有先例的考验，取得了一系列技术突破，获得1 000多项专利，交出了出乎国内外专家预料的答卷，也充分体现出中华民族在改革开放40年历程中逢山开路、遇水搭桥的奋斗精神。港珠澳大桥每一次攻关、每一次创新都体现了建设者们对工作的负责与坚持不懈、无所畏惧精神，展示了中华儿女甘于奉献的敬业精神，彰显了新时代中华民族追求卓越的工匠精神。

思考： 结合港珠澳大桥的建设，谈一谈你对工匠精神的理解。

一、工匠精神的传承与发展

（一）工匠精神的内涵

工匠精神是指工匠对自己的产品精雕细琢、精益求精、追求完美的精神理念。它是一种在设计上追求独具匠心、质量上追求精益求精、技艺上追求尽善尽美、服务上追求用户至上的精神。

工匠精神的内涵是"执着专注、精益求精、一丝不苟、追求卓越"。其中，"执着专注"是精神状态，是时间上的坚持、精神上的聚焦；"精益求精"是品质追求，是质量上的完美、技术上的极致；"一丝不苟"是自我要求，是细节上的坚守、态度上的严谨；"追求卓越"是理想信念，是理想上的远大、信念上的高远。工匠精神既体现了敬业之美的精神原色，又表现了创造之美的品质追求，更展现了追求之美的价值升华。

工匠精神是一种职业精神，它是职业道德、职业能力、职业品质的体现，是从业者

的一种职业价值取向和行为表现；它不仅体现了从业者具有高超的技艺和精湛的技能，还意味着从业者具有严谨细致、专注执着、精益求精、淡泊名利、敬业守信、勇于创新的工作态度，以及对职业的认同感、责任感、使命感、自豪感等可贵品质。

工匠精神在中国自古有之。我国工匠群体从历史时间轴的起点伊始，不断积聚着力量和惯性，凝集着中华民族的工匠精神，一步一步跨过时间的长河，留下了令世界惊叹的造物技艺。

工匠的首要职责就是造物，技艺是造物的前提，也是工匠存在的第一要素。如何使技艺达到熟练精巧，古代工匠们有着超乎寻常的，甚至是近乎偏执的追求，他们对自己的每一件作品都力求尽善尽美，并为自己的优秀作品而深感骄傲和自豪，如果工匠任凭质量不好的作品流传到市面上，往往会被认为是他职业生涯最大的耻辱。

古代的优秀工匠除了对自己的技艺要求严苛，还对技艺之道怀有一种绝对的专注和

执着，达到了忘我的境界，这也一直是我国古代优秀工匠穷其一生努力追求的最高境界。

工匠文化和工匠精神不仅是我国古代社会走向繁荣的重要支撑，也是一份厚重的历史沉淀。工匠精神的本质是精业与敬业，这种精神融入工匠们的血液之中，他们以技艺为骨、匠心为魂，共同铸就了我国丰富的物质文化现象，推动了我国古代技术的创新发展。

（二）新时代的工匠精神

2017 年，中共中央、国务院印发了《新时期产业工人队伍建设改革方案》（以下简称《方案》）。《方案》指出：要"加强产业工人队伍建设，必须把培育和弘扬'工匠精神'放在更加重要的位置，让劳动光荣、技能宝贵、创造伟大的时代风尚更加浓厚，真正造就一支有理想守信念、懂技术会创新、敢担当讲奉献的宏大的产业工人队伍，为实现'两个一百年'奋斗目标、实现中华民族伟大复兴的中国梦凝聚最强大的力量"。

当前，我国正处在从工业大国向工业强国迈进的关键时期，培育和弘扬严谨认真、精益求精、追求完美的工匠精神，对于建设制造强国具有重要意义。而只有对新时代工匠精神的基本内涵形成共识，才能树匠心、育匠人，为推进中国制造的"品质革命"提供源源不断的动力。

工匠精神包括爱岗敬业的职业精神、精益求精的品质精神、协作共进的团队精神、追求卓越的创新精神这四个方面的内容。其中，爱岗敬业的职业精神是根本，精益求精的品质精神是核心，协作共进的团队精神是要义，追求卓越的创新精神是灵魂。

名人名言
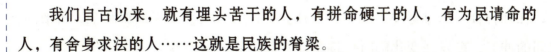

我们自古以来，就有埋头苦干的人，有拼命硬干的人，有为民请命的人，有舍身求法的人……这就是民族的脊梁。

——鲁迅

1. 爱岗敬业的职业精神

爱岗敬业，是爱岗和敬业的合称，爱岗是敬业的基础，而敬业是爱岗的升华，是工匠精神的力量源泉。爱岗敬业是中华民族的传统美德，是一份崇高的精神。

2. 精益求精的品质精神

精益求精，是工匠精神最让人称赞之处，具备工匠精神的人对工艺品质有着不懈的追求，以严谨的态度，规范地完成每一道工艺，注意细节、追求极致的完美。

3. 协作共进的团队精神

如果说"爱岗敬业的职业精神""精益求精的品质精神"是传统的工匠精神中具有的内涵，那么"协作共进的团队精神"主要体现于新时代的工匠精神之中。

4. 追求卓越的创新精神

工匠们在传承传统品德的同时，也要追随时代的脚步，锐意创新，善于运用新理论、新技术、新工艺、新方法，来将工作推上一个新台阶。创新精神是新时代工匠精神的内涵之一，甚至是新时代"工匠精神"的灵魂。

二、中职学生培育工匠精神的意义

中职生工匠
精神培育

（一）以工匠精神引领学生树立正确的价值观

我国正处在由制造大国向制造强国迈进的过渡阶段，在创新创业的过程中，只有全体成员拥有高度的责任感和创新意识，发挥团队精神，才能顺利实现由制造到创新的转型。以工匠精神引领学生树立正确的价值观，可以使学生认识到发扬工匠精神的目的是服务社会，创业创新是追逐梦想的过程，也是服务社会的过程。理解工匠精神和服务社会的理念，在知行合一的过程中，能够感知社会责任的重大，积极地调和个人价值与社会价值之间的冲突，在发展变化的时代逐步建立起正确的价值观。

（二）以工匠精神塑造学生的职业观和创业观

2015年，中央电视台推出的纪录片《大国工匠》，讲述了8位不同岗位的劳动者匠心筑梦的故事。他们在平凡的岗位上执着追求，从而达到职业技能的完美和极致。可见，大国工匠精神在职业观的塑造中极为关键，它折射出从业人员的职业观与就业观。

大国工匠精神对学生就业也具有指导意义。学生只有拥有了过硬的业务能力与优良的职业素质，才能奠定职业发展的良好基础。在"大众创业、万众创新"的口号响彻中华大地的今天，学生创业绝不是一件容易的事，尤其在创业的初始阶段，工匠精神应该根植于每一位学生创业者的内心，只有时刻秉持把产品和服务做精做强的理念，才能在创业中立于不败之地。

大国工匠：连接空警 500 神经中枢的绣娘潘玉华

（三）以工匠精神培养学生求真务实的良好学风

在当今变革创新的时代，亟须大量创新务实的人才。一方面，工匠精神有助于学生形成独立自主、踏实务实的学习态度，使学生化被动为主动学习，克服浮躁心态，脚踏实地、深入钻研，积极主动地思考问题。另一方面，工匠精神有助于培养学生严谨的作风和精益求精的品质，使学生能够以追求完美的态度对待自己的学习和生活，并激发学生对专业的兴趣与热爱。

（四）以工匠精神引导学生精益求精、追求卓越的创新精神

工匠精神的深层次含义就是创新。精益求精、追求卓越，本身就包含了不断创新的精神。创新并不是盲目的想象和突发奇想，而是在不断的实践过程中反复打磨而产生的。学习工匠精神，可以使学生在实践过程中逐渐形成创新思维模式，在生活中注重观察与思考，勇于质疑与批判，大胆地实践，最终化不可能为可能。正是工匠精神的这种敏锐创意、精雕细琢、不断求精的精神支撑，才能使中国实现由制造大国向创新大国的转变。因此，工匠精神应当贯穿于学生成长成才的全过程，只有将工匠精神根植于学生内心，并转化为习惯和品行，才能更好地为实现中国梦贡献出自己的力量。

大国工匠：航空"手艺人"胡双钱

三、弘扬新时代工匠精神

工匠精神体现了工匠对自己的产品独具匠心、精雕细琢、精益求精、尽善尽美的坚持和追求，蕴含着严谨、执着、敬业、创新等可贵品质，已经渗透到各行各业的各个环节，具有很强的普适性、针对性和拓展性。

当今世界的发达国家，无一不是高度重视工匠精神的，其经济强国的地位都和其产业工人的工匠精神密不可分。工匠精神不仅是劳动者的职业准则，更是政府、企业的金色名片，是一个地方经济发展保持长盛不衰的动力。

工匠精神的发扬光大不可能一蹴而就，除了推动企业家追求卓越、生产者耐心坚守、深化职业教育改革和培育职业精神，还需要改善社会文化环境，用规则制度引导人们的行为，同时要求我们每个人身体力行。

（一）让工匠精神入脑入心

各地都有坚持贯彻工匠精神的出色企业及优秀员工，他们都在自己的领域精耕细作、造福社会。应大力将这些人的事迹推介出去，更多地向公众传递工匠精神、讲述工匠故事、表达工匠情怀，使工匠精神在各地蔚然成风，让工匠精神引领"中国创造"。这就要求宣传文化部门身先士卒，学习工匠的务实与敬业精神，培养和增强自身的看齐意识，脚踏实地践行工匠精神。要实在"学"，要对照"做"，真正把工匠精神内化于心、外化于行，贯彻在宣扬传播的细微处，如切如磋、如琢如磨，孜孜不倦、久久为功，确保工匠精神真正在全社会弘扬开来、落地生根。

（二）使工匠精神成为规制

再好的财富也要靠人来传承，再好的精神也要靠人来弘扬。要发扬光大工匠精神，应建立有效的激励机制，正确引导人们的行为，发挥好工匠人才的作用。通过采取一系列制度性措施，引导学生养成精益求精的行为习惯，形成体现工匠精神的行为准则和价值观念。当务之急，是建立健全一整套工匠制度，并体现到职业教育、技术培训、市场准入、质量监管以及专利保护等各个方面，使精益求精者得到应有的回报，让违法违规者受到严厉的惩罚。

（三）把工匠精神外化于行

对具备工匠精神的人来说，工作不只是眼前的苟且，还有诗和远方。换言之，大凡敬业者，都把平凡的工作当作一种修行，定得住心、耐得住性，摒弃浮躁、务实求真，用责任感，拾工匠心，塑匠人魂。发扬光大工匠精神，是我们每一个人都应该有的文化自觉和价值追求。

身为一般的从业者，理应做好本职工作，具有螺丝钉精神，在自己平凡的工作岗位上兢兢业业；在价值理念和实践上，要从社会和公众的需要出发，日复一日、年复一年地向专业里的行家里手和能工巧匠靠拢，用工匠精神锻造出彩人生。

（四）将工匠精神延展出新

鲁班精于木工，创造了墨斗、刨子、钻子、锯子等工具；瑞士制表人对每一个零件、每一道工序、每一块手表都精心打磨、专心雕琢。尽管每个国家、每个时代工匠们创造的产品不同，但无一例外，他们都有所改进、有所创新，并一直延续至今。现在，全面深化改革创新的力度进一步加大，各行各业的从业者面对当前工作中遇到的新情况、新问题，同样离不开发扬工匠精神。积极扩大工匠精神之外延，主动丰富其内涵，既是时代之需，也是职责所系，更是成长成才的必由之路。学生应勇于开拓，奋发进取，大胆探索，博采众长，在工作理念、工作机制、工作载体和工作方法上寻求新的突破。

案例分析

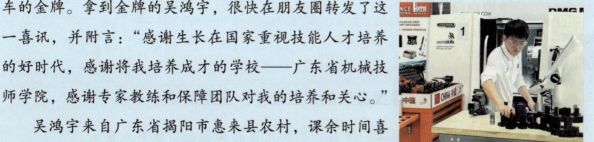

广东农村少年"玩"数控"玩"成了世界技能大赛冠军

2022年10月17日凌晨，中国选手吴鸿宇荣获2022年世界技能大赛特别赛数控车的金牌。拿到金牌的吴鸿宇，很快在朋友圈转发了这一喜讯，并附言："感谢生长在国家重视技能人才培养的好时代，感谢将我培养成才的学校——广东省机械技师学院，感谢专家教练和保障团队对我的培养和关心。"

吴鸿宇来自广东省揭阳市惠来县农村，课余时间喜欢钻研电器，拆装东西。因为文科成绩不好，考不上重点高中，初中毕业时，吴鸿宇感到非常迷茫，不知道未来的路要怎么走。"想过直

吴鸿宇在比赛现场认真操作

接去打工，但父母说我没有什么技能，是做不好工作的。"父母的话点醒了吴鸿宇，他觉得应该先去学习一项技能，唯有掌握一技之长，以后才能有所成就。

2017年，吴鸿宇进入广东省机械技师学院学习。在塑料模具专业学习半个学期后，吴鸿宇通过了机械理论的考试，进入了竞赛班学习。在教练的指导下，吴鸿宇克服浮躁心态，脚踏实地、深入钻研，积极主动地思考问题，在训练中总是精益求精、追求卓越，不断在练习实践过程中反复打磨自己的技能水平。他的学习领悟能力与实操能力都较强，很快在各级各类竞赛中崭露锋芒。

"进入竞赛班之后，我几乎没有假期，每天都在车间里训练。我不羡慕其他能放假的同学，因为我有收获。"曾经的迷茫少年蜕变为技能新秀，慢慢找到了人生奋斗的方向，并在技能成才的道路上越走越好。

如今，获得世技赛金牌的吴鸿宇有了新的目标，就是要把自己所学的技能传授给师弟师妹们，让更多的技能学子以实现技能成才、技能报国为目标，通过技能实现人生价值，以实际行动回报党和国家。

思考：

1. 案例中吴鸿宇是如何问鼎世界冠军的？

2. 吴鸿宇的事迹给你什么启发？

分析： 吴鸿宇从父母的话中了解到只有真正掌握一项技能，才能在社会上立足。最终，他经过长期训练，终于凭借着精湛的工艺、日积月累的经验一举夺冠，点亮了自己的精彩人生。青少年应以吴鸿宇为榜样，用技能浇灌出自己的成才之路。技术工人队伍是支撑中国制造、中国创造的重要力量。

拓展训练

"寻找身边的工匠能手"主题活动

1. **活动主题**：探访工匠能手，了解他们的工匠精神是如何培养出来的。

2. **活动时间**：一周。

3.活动实施：

（1）将学生分成小组，探访或搜集本市工匠能手的事迹，如珠海的"叉车大王"曹祥云、中山的"牙雕大王"吴志伟，等等。

（2）每个小组选出一名代表介绍自己小组搜集到的事迹。

（3）师生相互点评，谈谈自己的感受。

2.3　劳模精神和劳动素养

案例导入

环卫工人变身全国劳模

2012年，蔡凤辉入职北京环卫集团，成为一名清洁工人，负责天安门地区人工保洁班工作。"天安门无小事，事事连政治。"特殊的地理位置要求每名成员都必须时刻把自己平凡的工作提到政治高度来对待，每当遇到国家的重要保障任务时就变身勇敢的"战士"，走遍广场的角角落落、扫遍广场的边边角角，每天的步数都达到3万多步。

"我们的劳动成果就是国家的脸面，清扫地面时必须追求极致，打扫过的地面要可以'席地而坐'，游客走累了，坐在广场上，休息一会再起来裤子仍然是干净的。"蔡凤辉说，尤其是在中国共产党成立100周年庆祝活动保障中，6月30日晚上突然下起大雨，300余名环卫工彻夜7个半小时"红毯推水"这段视频被传播到网上，获得了数百万网友的点赞。作为一个地地道道的农民工，能参加国家重大活动的环卫保障，太自豪了！也通过这些重大活动亲身经历、亲眼见证了祖国的日益强大和中华各族儿女的爱国之情、爱党之情。

环卫工人也能成为
"全国劳模"

10年的坚守，也让蔡凤辉从一名一线职工成长为全国劳模。她在平凡的工作岗位上始终坚信"劳动没有贵贱之分，行行都能出状元"，积极践行"宁愿一人脏，

换来万家净"的时传祥劳模精神、奉献精神，带领保洁班成员，拼搏担当，精益求精，先后参与并出色完成了多项重大国事、外事活动环卫保障任务。

思考：

1. 环卫工人蔡凤辉是如何成长为全国劳动模范的？

2. 你从蔡凤辉身上学习到哪些精神品质？

知识储备

一、劳模精神

劳模精神

（一）劳模精神的内涵

劳模精神，是指"爱岗敬业、争创一流、艰苦奋斗、勇于创新、淡泊名利、甘于奉献"的劳动模范精神，是伟大时代精神的生动体现。其中，爱岗敬业是本分，争创一流是追求，艰苦奋斗是作风，勇于创新是使命，淡泊名利是境界，甘于奉献是修为。做一个守本分、有追求、讲作风、担使命、有境界、有修为的人，是每一位劳模的精神风范，更是每一位劳动者应该追求的目标。

长期以来，广大劳模以高度的主人翁责任感、卓越的劳动创造、忘我的拼搏奉献，谱写出一曲曲可歌可泣的动人赞歌，为全国各族人民树立了光辉的学习榜样。每个时期的劳模，都是时代的精神符号和力量化身。随着时代的发展，劳模被赋予越来越多的时代内涵和元素，但无论是生产者还是

创业者，无论是比表现还是比贡献，无论是讲精神作用还是讲经济效益，劳模的核心价值都是始终不变的。

尽管每一时代的劳模群体都呈现出多元的组合，以体现对不同劳动价值的肯定，但总的趋势是，社会对劳动价值的评判，正在从"出大力，流大汗""苦干加巧干"，向知识型、创造社会效益、经济效益方向转变。

劳模精神是工人阶级先进性的集中体现，是工人阶级主人翁意识的集中反映，是社

会主义核心价值观的生动诠释，是时代精神的生动体现，是民族精神的重要组成部分，是劳动精神的积极呈现，是培育时代新人的重要手段，是文化自信的重要支撑，是实现伟大复兴中国梦的重要力量。劳模精神当代品格的核心要素是工匠精神。

（二）劳模精神的意义

名人名言

人生在勤，不索何获？

——张衡

1. 劳模精神是工人阶级主人翁意识的集中凸显

主人翁意识是劳模精神的内在本质，是正确认识和理解劳模精神的关键词。正是因为自觉的、强烈的主人翁意识，劳模才以车间为家、以厂为家、以企为家，才具有积极主动的岗位意识、职业意识、进取精神和创新精神，才在本职工作中充分发挥积极性、主动性和创造性，才能够艰苦奋斗、淡泊名利、甘于奉献，自觉把人生理想、家庭幸福融入国家富强、民族复兴的伟业之中，最终建构起个人与集体、个人梦与中国梦、小家与国家民族融合统一的发展共同体和命运共同体。

2. 劳模精神是工人阶级先进性的集中体现

党的二十大报告指出在全社会弘扬劳动精神、奋斗精神、奉献精神、创造精神、勤俭节约精神，培育时代新风貌。在中国革命、建设、改革的各个历史时期，我国工人阶级都具有走在前列、勇挑重担的光荣传统。劳动模范作为工人阶级的优秀代表，是时代的引领者，在工作生活中发挥了先锋和排头兵作用，他们以辛勤劳动、诚实劳动和创造性劳动，持续推动着社会进步、国家发展和民族复兴。劳模精神作为劳动模范的思想内核、行动指南和精神灯塔，成为推动时代前进的强大精神动力，充分体现了工人阶级先进性的主体地位，彰显了工人阶级的伟大品格，推动了工人阶级的成长进步。

3. 劳模精神当代品格的核心要素是工匠精神

从本质上讲，工匠精神是一种基于技能导向的职业精神，它源于劳动者对劳动对象

品质的极致追求，它具有精益求精、专注执着、严谨慎独、创新创造、爱岗敬业以及情感浸透、自我融入的基本内涵，既表现了极致之美的品质追求，又体现了敬业之美的精神原色，更展现了创造之美的价值升华。工匠精神充分凸显了新时代劳模精神爱岗敬业、精益求精、追求卓越的精神品质和价值导向，可以说，工匠精神是对劳模精神的重要深化和丰富发展。

4. 劳模精神是培育时代新人的重要手段

一方面，劳模精神作为社会主义核心价值观的生动体现，更便于为人们所理解，更容易为人们所接受，更方便为人们所模仿，将对培育时代新人起到重要的推动作用；另一方面，通过强化教育引导、舆论宣传、文化熏陶、实践养成、制度保障，培养和造就具有劳模精神的时代新人，能够激发广大劳动者干事创业的积极性、主动性和创造性。

二、劳动素养

劳动素养是对劳动意识的进一步深化，是指经过生活和教育活动形成的与劳动有关的人的素养，包括劳动的价值观（态度）、劳动的知识与能力等维度。因此，劳动素养是指劳动者在劳动过程中与之相匹配的劳动心态和劳动技能的综合概括，是处于社会实践活动中的实践主体在掌握一定知识储备和劳动技能基础上开展实践活动，特别是劳动实践中所展现的优良品质的集合，包括劳动意识、劳动精神、劳动能力，以及知识储备和创新精神等状况。

（一）中职学生的劳动素养现状

具体而言，中职学生的劳动素养是指在掌握扎实专业知识的同时，具有积极主动的劳动意识、良好的热爱劳动和尊重他人劳动成果的心态，不仅能够扎实开展学习、生活、工作中的脑力与体力实践活动，而且能够根据条件变化创造性地开展劳动的能力。当前中职学生身上反映出的劳动素养偏低的现状主要体现在以下几方面：

1. 劳动认知不足

认知是态度和行为的基础，对劳动的积极认知，能够指导学生热爱劳动、尊重劳动、投身劳动，反之，学生就可能对劳动持消极和抗拒态度。然而，由于社会环境、成长经历和应试教育等因素的长期影响，当前，很多学生对劳动的认知普遍不足。劳动包含体力劳动和脑力劳动，但不少学生对劳动简单化理解，片面地将体力劳动等同于劳动的全部，对劳动充满抵触情绪；也有部分学生轻视体力劳动，认为从事体力劳动低人一等，对体力劳动者缺乏应有的尊重；部分学生毕业后找不到满意的工作，宁愿在家"啃老"也不愿意到基层一线去；还有一些学生不能理解国家开展劳动教育的意义和价值，对劳动教育是"人生的第一教育""劳动教育是立德树人的重要载体"认识不到位，觉得当下开展劳动教育多此一举。

2. 劳动态度消极

认知影响态度，对劳动教育认知的不足，导致了部分学生劳动意识淡薄，劳动态度不够端正。如有的学生认为经济社会发达了就无须发扬艰苦奋斗精神，甚至认为辛勤劳动是愚蠢行为，因而依赖父母积累的物质财富和社会资本不思进取，逐渐养成了逃避劳动的心理，形成了好逸恶劳的思想和懒散消极的习惯，成为"啃老族""佛系青年"；少数学生劳动取向功利化，参加志愿服务以及社会实践活动不以认识社会和提升能力为目的，而是关注能否在综合测评中"加分"，是否有助于"评优评先"，一旦认为达不到应有的回报，便选择逃避。日常生活中对劳动的消极态度，影响着学生对劳动以及劳动人民的情感，并进一步影响到学生的就业观，表现为就业时眼高手低，追求不切实际的薪酬待遇，随意毁约，频繁跳槽。

热爱劳动

3. 劳动能力弱化

娴熟的劳动能力需要在长期的学习及动手实践中培养和练就。由于劳动观念淡薄、劳动价值模糊、劳动实践不足，当前学生普遍动手能力较差，缺乏基本的劳动技能，更有甚者，连自己的日常生活都不能自理。如有的学生不会做饭烧菜，甚至不会整理房间和清洗衣物，以至于新生开学常有父母帮忙挂蚊帐的现象，媒体中时有学生邮寄脏衣服回家清洗的报道。部分学生不会使用劳动工具，扫把不会拿，拖把不会用，把劳动工具当玩具，劳动技能几乎为零。一些毕业生眼高手低，只会纸上谈兵，不能很好地胜任工作岗位，且

不愿意向有经验的先辈学习。以前的农村学生对农活还有所了解，并能从事简单农务活动，但现今一些农村学生也吃不起苦，受不起累，不仅劳动技能大幅下滑，甚至"五谷不分"，更谈不上土地情结。

4. 劳动品质欠佳

社会主义的劳动教育最重要的目的是培养学生的劳动价值观，使学生知道劳动的价值，欣赏劳动的过程，尊重劳动的果实。然而受劳动认知不足和劳动态度消极的影响，不少学生没有养成良好的劳动品质，且劳动情怀比较缺失。如有的学生崇尚安逸享乐，渴望不劳而获，梦想一夜暴富；有的学生劳动意志薄弱，不能吃苦耐劳，在劳动面前容易产生退缩心理；有的学生缺乏艰苦奋斗精神，生活不够节俭，铺张浪费，攀比享乐；还有学生以自我为中心，不善于团队协作。部分学生在学校宁愿把大量时间花在娱乐消遣上，也不愿意打扫宿舍卫生，导致寝室脏乱不堪。还有一部分学生缺乏劳动意识和劳动自觉，不仅不愿意亲自动手劳动，而且还难以理解劳动过程的辛勤，不爱惜、不尊重别人的劳动成果，随手丢垃圾、随地吐痰等现象时有发生。

造成学生劳动素养偏低的原因是多方面的，集中表现为学生成长历程中缺乏培育劳动素养的土壤。这种缺乏，涉及社会氛围、学校教育、家庭环境等各个方面，具体表现为知识本位的文化传统、急功近利的社会风气、分数为王的应试教育、劳育缺失的高等教育、过度娇宠的成长经历、科技宠溺的消费社会。

（二）提升劳动素养的途径

1. 注重劳动价值引导

加强劳动思想教育让"劳动最光荣、劳动最崇高、劳动最伟大、劳动最美丽"的观念内化于心、外化于行。学生要加强马克思主义劳动理论的学习，深刻理解和领会马克思主义关于劳动创造人、劳动促进人的全面发展等观点，通过加强思想政治学习、专业学习提高参加劳动实践、接受劳动锻炼的自觉性和主动性。

劳动教育并不是简单地学习理论课程，也不是完成多少劳动任务。接受劳动教育，不仅是获取劳动的知识与技能，而且涉及价值观的培养问题，要在日常行为习惯的养成中培养劳动

意识，以及基本生存能力、责任担当意识。因此，劳动教育的核心目标是劳动价值观的培育，要通过劳动教育，加强对劳动的认识，改变对劳动的态度，培养对劳动的情感，最终树立尊崇劳动、热爱劳动的价值观。

2. 加强劳动品德修养

劳动品德体现了劳动的伦理要求，是指人们在劳动过程中所表现出来的对他人和社会的稳定的心理特征或倾向。学生要深刻理解新时代的劳动者"不仅需要有力量，还要有智慧、有技术，能发明、会创新"的道理，要以科学家、大国工匠和劳动模范为榜样，胸怀理想、脚踏实地、勤奋学习、锐意进取、敢为先锋、勇于创造。

3. 加强劳动技能学习

劳动知识技能是个体从事一定劳动所必须具备的知识、技术、技巧，以及综合运用这些知识、技术、技巧的能力，是个体劳动素养全面提升的必备基础。学生应通过专业课学习、实习实训、创新创业教育、专业实习、毕业实习等课程加强劳动技能学习，用系统的科学知识为提升劳动素养奠定坚实的基础。

4. 加强劳动实践锻炼

劳动习惯是个体在长期劳动实践训练中形成的稳定的行为模式。加强劳动实践锻炼，养成良好的劳动习惯，要让真抓实干、埋头苦干成为基本的生活方式。学生要在实践中体会劳动素养提升与自身健康成长及全面发展的内在联系，积极参加家庭劳动、学校组织的劳动教育和劳动锻炼，并积极寻找社会实践、公益劳动、勤工助学、校外实习、假期打工等劳动机会，在劳动过程中训练劳动技能，形成热爱劳动的良好品德，锻炼吃苦耐劳的意志品质，全面提高劳动素养。

5. 营造劳动校园文化

校园文化对学生的思想观念、价值取向和行为方式具有潜移默化的影响。学校应加强劳动育人校园文化建设，大力弘扬劳模精神、劳动精神、工匠精神，实现劳动教育与校园文化建设相融合。对于职业学校而言，一是重视提倡学生向榜样学习，通过学校开展的"劳模大讲堂""大国工匠进校园"等专题讲座，以及在校园官网、官网微信公众

号、橱窗、走廊等宣传阵地推送劳模和工匠的先进事迹，使学生能够近距离接触劳动模范，聆听劳模故事，感受榜样力量，从而激发他们崇敬劳模、学习劳模，崇尚劳动、热爱劳动的情感。二是重视朋辈效应的作用，号召学生向身边的人学习。学生要积极参加与劳动有关的兴趣小组、学生社团，在班会、团课、社团活动，广泛开展与劳模精神相关的主题演讲、知识竞赛、征文比赛，以及辩论赛、情景剧大赛，在活动中主动探索和反思劳动的意义与价值；要广泛参加以劳动教育为主题的手工劳技展演，如手工制作、电器维修、班务整理、室内装饰、宿舍内务技能大赛等实践活动，提高自身的劳动意识，加强自身劳动习惯的养成。

6. 在校园生活和日常自我管理中培养劳动素养

一是在班级和宿舍管理中设立劳动岗位。劳动是一项身心相结合的活动，对学生的社交能力、互相协作能力、团队精神的培养有促进作用。职业院校的学生大部分的时间是在教学场所和宿舍中活动的，在教学场所，可以安排定期的值日生进行教室和实训室的日常管理、卫生清洁；在宿舍内也进行轮流值班，负责宿舍的卫生及美化，打造居住和生活的和谐环境，培养劳动意识。

二是定期参加校内外劳动实践活动。学生可以在学校内设立的劳动基地参加劳动（如无条件，可就近联系工厂或者农场，有组织地安排学生进行生产劳作）。同时，应利用寒暑假进行一定时间的实习锻炼，提交相应的劳动实践报告，将劳动活动与专业的校内外实践、实习结合，并赋予一定的学分，纳入考核范畴。

三是加强日常管理制度建设。职业院校从上至下，从领导到全体师生都要有培养劳动精神的意识，才能通力协作，将劳动意识的养成融入人才培养中。因此，制度建设及多方位的宣传就成为保障和落实的关键。在管理过程中，将校内外实践、顶岗劳动、宿舍劳动岗位设立、校园服务及社区服务等都形成规矩和要求，最好以课时或者学分的形式纳入教学和育人体系。

案例分析

杂交水稻之父袁隆平

他用毕生的精力在解决吃饭——这个人类一直未能解决的大问题，他用智慧改造了大地，用心血造福了人类，他的名字、事业、精神光耀寰宇。他是中国杂交水稻育种专家，是杂交水稻研究领域的开创者和带头人。他就是被誉为"世界杂交水稻之父"的袁隆平。

从1946年开始，他几十年如一日，全心致力于杂交水稻技术的研究，成功研发出"三系法"杂交水稻。1987年，国家"863"计划将两系法杂交水稻研究立为专题，袁隆平组建了两系法杂交水稻研究协作组开展协作攻关，历经9年的艰苦攻关，1995年两系法杂交水稻取得成功，一般比同熟期的三系法杂交水稻增产5%~10%，且米质一般都较好。两系法杂交水稻为中国独创，它的成功是作物育种上的重大突破，体现了以袁隆平为首的中国杂交水稻科技工作者的聪明智慧。随后他又率领团队创建了超级杂交水稻技术体系，使水稻产量平均亩产提高到900千克。他多次赴印度、越南等国家，传授杂交水稻技术以帮助克

世界杂交水稻之父——袁隆平

服粮食短缺和饥饿问题。袁隆平从事杂交水稻研究半个多世纪，不畏艰难，甘于奉献，呕心沥血，苦苦追求，使中国杂交水稻研究始终居世界领先水平，为中国粮食安全、农业科学发展和世界粮食供给做出了杰出贡献。他被授予全国劳动模范，被评为全国道德模范，荣获国家最高科学技术奖和联合国教科文组织科学奖，获得国家"改革先锋"荣誉称号。

思考：

1.袁隆平对杂交水稻的研究，彰显了怎样的精神品格？

2.我们在学习生活中，如何落实劳动精神、劳模精神？

分析： "发展杂交水稻，造福世界人民"是袁隆平毕生的追求。"不在家，就在试验田；不在试验田，就在去试验田的路上"，充分体现了他潜心实干的本色和求真务实的作风；在他身上还体现了热爱党、热爱祖国、热爱人民，信念坚定、矢志不渝，勇于创新、甘于奉献、淡泊名利的感人精神。

袁隆平一生致力于杂交水稻的研发，即使中途遇到再多困难也从不放弃，现在许多年轻人遇到一点点困难挫折就选择放弃，这也是他们之所以没有成功的最大原因。袁老这一辈子就做了杂交水稻这件事，他说，"人一生只需要做一件事，并把它做到极致，那就是最大的成功"。

拓展训练

"向劳模致敬"主题活动

1. 活动主题： 劳动最光荣——向劳模致敬。

2. 活动时间： 一周。

3. 活动实施：

全国劳动模范是党中央、国务院授予在社会主义建设事业中做出重大贡献者的荣誉称号，表彰全国劳动模范的目的是弘扬劳模精神、弘扬劳动精神、弘扬中国工人阶级和广大劳动群众的伟大品格。通过活动，让学生了解全国劳动模范的光辉事迹。

（1）学生分小组。

（2）利用互联网搜集全国劳动模范的事迹，并制作成PPT。

（3）以小组为单位，分享劳模故事。

（4）总结交流：从全国劳动模范的身上你学到了哪些精神？

知识链接

全国劳动模范

劳动模范简称"劳模"，是在我国社会主义建设事业中成绩卓著的劳动者，经职工民主评选，有关部门审核和政府审批后被授予的荣誉称号。劳动模范分为全国劳动模范与省、部委级劳动模范，有些市、县和大企业也评选劳动模范。中共中央、国务院授予的劳动模范为"全国劳动模范"，是中国劳动者最高的荣誉称号。与此同级的还有"全国先进生产者""全国先进工作者"称号。

"爱岗敬业、争创一流，艰苦奋斗、勇于创新，淡泊名利、甘于奉献"，这是劳模精神，也是成为劳模的必备条件。如今，我国经济已进入高质量发展阶段，需要更多知识型、技能型、创新型劳动者，只要有想法、肯干事、敢创新，任何人都有机会成为劳模。

　　从 20 世纪 90 年代开始，全国劳模表彰大会每 5 年召开一次。1950 年至 2020 年先后召开 16 次表彰大会，表彰全国劳动模范和先进工作者超 30 000 人次。

　　"伟大出自平凡，英雄来自人民。"一个国家的非凡成就，总是由点点滴滴的平凡人物的工作成绩汇集而成。在社会主义建设的各个时期，以劳模为代表的广大工人阶级始终不忘初心、牢记使命，用平凡的双手创造不平凡的梦想。

模块 3　劳动制度与劳动法规

模块导读

　　随着《中华人民共和国劳动合同法》《中华人民共和国就业促进法》《中华人民共和国社会保险法》等相继实施，我国逐渐形成了以《中华人民共和国宪法》为依据，《中华人民共和国劳动法》为基础，《中华人民共和国就业促进法》《中华人民共和国劳动合同法》《中华人民共和国社会保险法》《中华人民共和国劳动争议调解仲裁法》为主干，相关法律法规为配套的劳动保障法律体系，对保护劳动者的合法权益，构建和发展和谐稳定的劳动关系提供了保障。青年学生要学习相关的劳动法律法规，并学着运用法律知识解决劳动关系中的实际问题，切实维护自身权益，做一个知法、守法、懂法的好公民，也为走向社会打下坚实基础，更加从容地迎接未来职场。

认知目标

　　1. 了解劳动就业制度和劳动保障制度的内容。

　　2. 了解我国劳动法律体系的构成、劳动合同应具备的条款及权益保障。

　　3. 掌握实习、跟岗实习、顶岗实习的相关知识以及劳动合同的签订原则。

　　4. 理解劳动就业制度和劳动保障制度用于维护劳动者合法权益的意义，为未来独立处理一些职场问题奠定良好基础。

情感态度观念目标

　　1. 培养崇尚劳动、热爱劳动、尊重劳动的意识，对工作充满热情。

　　2. 树立劳动法律、劳动纪律意识，做一个知法、守法、懂法的职业人。

　　3. 有迎接未来职场挑战的勇气，有用相关法律法规维护自身劳动权益的意识。

运用目标

　　1. 实习就业时，能够签订正规劳动合同。

　　2. 能够向周围人宣传与劳动相关的法律法规。

　　3. 在职场中，能够遵守劳动法律法规及公司规程。

　　4. 在职场中，劳动权益受到侵害时，能够用法律武器维护自身权益。

知识导图

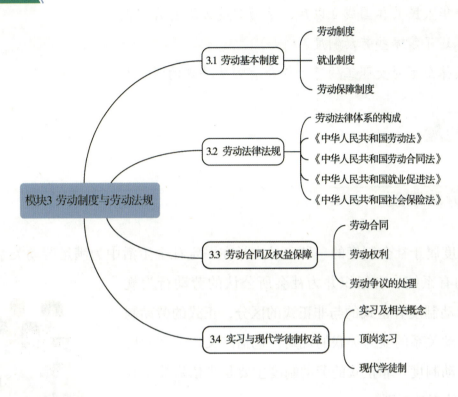

3.1　劳动基本制度

案例导入

　　2018年1月，小肖到某公司从事客服工作，按照合同的约定，月工资为3 500元。2020年2月，小肖住院剖宫产，产下一子，她在产假结束后因哺育孩子未再到该公司工作。该公司仅按当地最低工资标准，向小肖支付了产假期间工资，双方协商未果后，小肖起诉至法院。

　　法院经审理认为，女职工依法享有孕期产前检查、产假、哺乳期内的哺乳时间，在此期间，用人单位应当视同劳动者提供正常劳动并支付其工资。用人单位不得因结婚、怀孕、生育、哺乳等情形，降低女职工的工资和福利待遇。该公司按照低于原告工作期间的工资标准支付小肖产假期间工资，违反法律规定，故法院最终判令该公司按小肖正常工作期间的工资标准，支付其工资差额。

知识储备

一、劳动制度

劳动制度属于社会制度的一种，是人类在一定社会生活中为满足劳动关系发展的需要而建立的有系统、有组织并为社会所公认的劳动行为规范体系。劳动制度有正式的与非正式的区分，正式的劳动制度是支配劳动关系的互为关联的规则，包括广义的劳动制度和狭义的劳动制度。非正式的劳动制度主要是指依靠非正式监控机制而体现的规则。

（一）广义的劳动制度

广义的劳动制度主要是指国家或有关权力机构制定的、约束人们劳动行为及其劳动关系的法律、法令或其他相应的形式，表现为与人们参加社会劳动、建立劳动关系直接有关的一系列办事程序、规章和规定，这一层次的制度也就是政府的行政性制度，主要是劳动就业、劳动工资、劳动保障等制度。

（二）狭义的劳动制度

狭义的劳动制度是指与劳动就业直接有关的办事程序、规章和规定的统称，包括劳动者的招收、录用、培训、调动、考核、奖惩、辞退、工资、劳动保险、劳动保护等制度。这一层次的制度通常表现为工作组织内的劳动制度。

（三）劳动制度的特征

劳动制度具有以下四个特征：

1. 普遍性

劳动制度的普遍性是由劳动的普遍性决定的，因为生产劳动是人类社会生存和发展的基础与动力，任何社会、任何时代都离不开劳动。

2. 组织强制性

劳动制度是一种组织化的社会规范，它作为制约劳动关系和劳动者行为的一种规范体系，对劳动者具有强制作用。例如，正式的劳动制度往往是由国家或有关权力机构制定的，以确定的规则或法令等形式表现出来的劳动规范体系，劳动制度对从事劳动的所有社会成员都具有强制作用。

3. 相对稳定性

劳动制度一旦形成，就具有相对的稳定性，没有巨大的社会变革的冲击，一般不会轻易发生改变。但是劳动制度的稳定性只是相对的，随着社会和时代的变迁，劳动的形式、条件、内容及彼此合作的方式都会发生变化，因而劳动制度也要做相应的变更。

4. 系统性

劳动制度的运行必须有相应的制度配合，形成一套行之有效的制度体系，才能对人们的劳动关系与劳动行为进行有效的规范与约束。

二、就业制度

就业既是重大的经济问题，也是重要的社会和政治问题。扩大就业，减少失业，是经济社会发展的基本目标。对就业概念的理解可以从理论和实际两个角度来把握。从理论上讲，就业是指具有劳动能力的人，运用生产资料从事合法社会活动，并获得相应的劳动报酬或经营收入的经济活动。具体而言，就业是指在法定年龄内，具有劳动能力的人在一定的工作岗位上从事有报酬或有经营收入的合法劳动。

根据这一定义，一个人如果同时满足以下三个基本条件，就可以被认为实现了就业：一是在法定劳动年龄内，并且具有劳动能力；二是以提供满足社会需要的商品或服务为目的，从事某种合法的经济活动；三是从事这种社会劳动可以获得相应的收入。童工、不以获得收入或营利为目的的公益劳动、家务劳动等不属于就业范畴。

就业制度有广义与狭义之分。广义的就业制度是指直接或间接规范劳动者就业行为的制度总称，包括雇用解雇制度、用工制度、就业培训制度、就业服务制度、辞职退休制度和劳动计划管理制度等；狭义的就业制度仅指雇用解雇制度及用工制度。

（一）就业的意义

名人名言

青春啊，永远是美好的，可是真正的青春，只属于这些永远力争上游的人，永远忘我劳动的人，永远谦虚的人！

——雷锋

1. 就业是人们获得收入得以谋生的基本手段

当前，虽然各种生产要素的报酬，如股息、利息、租金等，都是居民收入的合法来源，但通过就业得到的劳动报酬仍是人们收入的最主要部分。

2. 就业是个人融入社会、使自身得以全面发展的主要途径

作为具有社会属性的人，一般不仅需要靠就业谋生，还需要靠就业参与社会生活，赢得他人的尊重，满足自己更高层次的需求。

3. 就业是经济发展和社会进步的重要前提

通过就业的方式，实现生产资料和劳动者的结合，形成现实的生产力，推动经济发展。扶持困难群体实现就业，是消除贫困的根本途径。大力促进社会充分就业，也是促进社会公平、维护社会稳定的重要手段。

（二）我国的就业服务

就业服务兴起于 20 世纪初期，主要是为了改善失业者的生存状况和维护社会稳

定。随着西方国家的经济增长和就业需求的扩大，就业服务发展迅速，逐渐成为国家就业政策最直接的体现者和执行者。概括地说，就业服务是具有普遍意义的干预劳动力市场并能有效调节和改善供求的直接手段，是就业制度和就业政策的重要组成部分。

就业服务可以分为公共就业服务和私营就业服务，其主要职能在于通过劳动力市场信息、职业介绍、职业指导和相应的职业培训等手段的运用，帮助用人单位用人和劳动者就业。

我国的就业服务在不同的时期有不同的内容和措施，主要有以下几点：

1. 设立专门机构管理就业服务工作

20 世纪 50 年代初期，从中央到各大行政区、省和大城市的人民政府成立了劳动就业委员会，根据政务院公布的《关于劳动就业问题的决定》，指导各地劳动部门和其他有关部门办理失业人员登记、救济、就业培训、介绍就业等事务，统一调配社会劳动力。

1953 年 8 月以后，劳动就业委员会撤销，由政府劳动部门负责就业服务的管理，工作逐步走向经常化、制度化。大中城市的劳动部门建立了劳动力介绍所，负责管理城市闲散劳动力和安置就业，包括进行就业前的政治思想教育和技术训练。

2. 开展多种形式的职业培训，逐步推行先培训后就业的制度

在全国建立了一大批技工学校，改革了学徒培训制度，开办了大量的短期训练班、职业中学、职业学校和各种职业教育培训中心。

3. 统一分配和安排就业

高等院校、中等专业学校毕业生和军队转业干部分别由教育、人事等部门实行统一分配。待业青年在国家统筹规划和指导下，实行劳动部门安排就业、自愿组织起来就业和自谋职业相结合的办法。

4. 创建劳动服务公司，统筹调节城镇劳动力

进入 20 世纪 80 年代以后，全国各地劳动部门适应劳动制度改革的需要，普遍地创建劳动服务公司，统筹调节城镇社会劳动力。这种管理社会劳动力的组织，兼有行政和经济两方面的职能，任务是掌握社会各方面对劳动力的需求情况，对待业人员进行调查、登记、统计、组织培训，介绍和安排就业；兴办集体经济事业，直接组织一部分待业人员就业。全民所有制企业、事业、机关单位及街道和群众团体等也相继办起劳动服务公司，安排和指导就业。政府劳动部门或劳动服务公司还通过举办劳动力交流大会、

开办专业职业介绍所等多种形式，给人们创造更多的就业机会和途径。我国就业服务的各种形式，对有效地实现城镇的充分就业具有促进作用。

劳动保障制度

三、劳动保障制度

劳动保障制度是劳动制度的一个重要组成部分，它是国家根据有关法律规定，通过国民收入分配和再分配的形式，对劳动者因年老、疾病、伤残和失业等而出现困难时向其提供物质帮助以保障其基本生活的一系列制度。劳动保障制度的主要功能是保证劳动者的职业安全，从而保证劳动者及其家庭生活稳定、社会安定，保证整个社会经济发展和社会进步。劳动保障制度所涉及的内容非常广泛，职工的生育保障、疾病保障、失业保障、伤残保障、退休保障、死亡保障等都是劳动保障制度的内容。其中，失业保障制度和退休保障制度是劳动保障制度中两项最主要的制度。

（一）失业保障制度

失业是现代经济运行过程中不可避免的一种社会现象，它给每个失业者及其家庭带来灾难，也给社会经济的发展抹上了一层阴影，因而各国都十分重视对失业者进行保障。失业社会保障就是当劳动者一旦失去工作之后仍能获得基本的物质帮助的一种制度。失业保障制度的建立有助于劳动者维持基本生活，从而保护劳动力资源的生产和再生产；同时，它也可以起到缩小收入差距，保证和维护社会安定的作用。

我国现行失业保障制度的基本内容如下：

1. 享受失业保障的条件

现行的失业保障制度基本覆盖了城镇所有企事业单位及其职工，包括国有企业、城镇集体企业、外商投资企业、城镇私营企业和城镇其他企业及其职工，事业单位及其职工。

2. 失业保障金的筹集

在费用筹集方面，实行国家、用人单位、职工本人三方负担的筹集原则。用人单位、职工按照国家社会保障制度要求缴纳失业保险费。在失业保险基金入不敷出时，财政将给予必要的补贴。

3. 失业保障基金的开支项目

开支项目主要包括失业救济金、失业职工的医疗费、失业职工的丧葬补助费、失业职工直系亲属的抚恤费和救济费、失业职工的转业训练费、失业职工的生产自救费和失业保险管理费等方面。

4. 失业保障金的给付标准

失业保障金的标准一般应高于当地城市居民最低生活保障标准，低于当地的最低工资标准。

（二）退休保障制度

退休保障制度既是劳动保障制度的重要组成部分，也是社会保障制度的基本内容。我国统筹型退休保障制度的基本内容包含以下几个方面：

1. 退休保障的实施范围

企业职工退休的实施范围主要是国有企业事业单位、城镇集体企业、外商投资企业、城镇私营企业、其他城镇企业及其职工，实行企业化管理的事业单位及其职工。机关事业单位的工作人员都在保障实施范围之内。

2. 资金来源

企业工作人员的退休保障资金根据《关于企业职工养老保险制度改革的决定》规定，养老保险将实现由国家、企业、职工个人三方共同负担的办法。养老保险分为三个层次：第一个层次为基本养老保险，是由国家统一下达政策，强制实施，这一层次的保险可以保障退休职工的基本生活需要。基本养老保险基金由国家、企业、职工个人三方负担，企业按职工工资总额的一定比例缴纳基本养老保险费。第二个层次是企业补充养老保险，它是企业根据自身经济能力，为本企业职工所建立的一种追加式或辅助式养老保险，养老保险金从企业自有资金中的奖励、福利基金内提取，然后由国家社会保险管理机构按规定记入职工个人账户，所存款项及利息归个人所有。第三个层次为职工个人储蓄性养老保险，保险金由职工个人根据个人收入情况自愿参加。机关事业单位工作人员的退休保障资金主要由国家提供，资金来源较为可靠。

3. 退休金给付标准

企业职工的退休金标准与个人在职时缴费工资基数及缴费年限长短挂钩，缴费工资越高，缴费年限越长，个人账户积累越多，退休时基本养老金就越高。

案例分析

蒋女士30年前毕业于当地一所专科学校，由于是委托培养，所以毕业后她顺利进入了当地的化工企业。在企业工作期间她任劳任怨、兢兢业业，一直受到同事和领导的好评，还多次被评为优秀员工。如今企业效益不好，再加上自己身体出了一些问题导致她心情不好，所以她决定和所在单位解除劳动关系。但她想不明白的是，自己已经47岁了，工作肯定不好找，况且马上就要达到退休年龄了，如果现在解除了劳动关系，就会成为失业人员，原来在企业工作了几十年的时间，该缴纳的社会保险都缴纳了。如果要靠领失业金过日子，那以前的社会保险费不就白缴纳了吗？

思考：

1. 蒋女士以前缴纳的社会保险费是不是白缴纳了？

2. 如果单位没有为我们购买社保，我们可以怎么做呢？

分析： 我国的失业保险是国家通过立法强制实行的，由社会集中建立基金，对因失业而暂时中断生活来源的劳动者提供物质帮助的制度，它是社会保障体系的重要组成部分，是社会保险的主要项目之一。所以蒋某的担心是多余的，因蒋某所在的单位和其个人都依法缴纳了养老保险费，不管她是失业人员还是在岗人员，到退休年龄后都可以办理养老保险待遇手续。养老保险是劳动者在年老或者因为病残而丧失劳动能力的情况下，退出劳动岗位后获得帮助和补偿的一种社会保险。

拓展训练

"退休制度调查"主题活动

通过活动，了解我国现行的退休制度，分析现行退休制度的优缺点，思考国家为何提出渐进式延迟退休制度。

1. **活动主题**：退休制度调查。

2. **活动时间**：一周。

3. **活动实施**：

（1）将学生分成小组开展调研。

（2）调研内容：国企和事业单位退休职工的退休政策和退休金发放情况；私营企业职工的退休政策和退休金发放情况；2000年以前退休人员与2015年以后退休人员的退休金差异；社会大众对渐进式延迟退休制度的看法。

（3）总结不同时间段和不同岗位下的职工退休政策，比较渐进式延迟退休制度和退休双轨制制度的优缺点。

（4）形成调研报告，每个小组派一名代表汇报。

（5）评选出汇报最佳的小组。

3.2 劳动法律法规

案例导入

劳动中的休息休假

王明于2018年3月从某中职学校毕业，毕业后他来到广东佛山某服装厂工作，劳动合同期限到2019年3月截止。车间生产除规定定额以外，还会临时指派赶工。王明从3月份到6月份上班期间，只有4个休息日。因劳动强度过大，她身体吃不消，加上水土不服，得了慢性胃炎。她向服装厂办公室主任请病假，结果被告知劳动合同里没有约定休息休假的时间，单位现在又在加班加点赶制服装，因此不能批准休假。如果一定要休息休假，就是旷工行为，屡教不改的，就自动走人。王明虽然感觉非常疲劳，但是又怕丢了工作，只好坚持上班。2018年7月2日，王明在上班时间在车间晕倒，经医生诊断为劳累过度，缺乏营养，需要休息，建议王明休病假1周。王明拿着医生的诊断结论和休假意见找到厂办主任，得到的仍然是不予放假的答复。厂办主任的理由是："大家的劳动合同都没有约定休息休假时间，如果都像你一样休假了，就没人工作了，不能开你这个先例。"王明不满厂办无情的做法，向专家咨询是否可以通过法律手段保护自己的利益。

思考： 根据《中华人民共和国劳动法》和《中华人民共和国劳动合同法》的规定，作为劳动者，该如何保护自己的合法权益？

知识储备

名人名言

伟大的成绩和辛勤劳动是成正比例的，有一分劳动就有一分收获，日积月累，从少到多，奇迹就可以创造出来。

——鲁迅

劳动法律制度

一、劳动法律体系的构成

劳动法律体系是指劳动法律规范按照一定的调整对象、规格和逻辑所组成的和谐统一、有机结合的现行法的系统。根据我国的实际情况，劳动法可由四个层次构成，这四个层次的层层展开形成劳动法体系的"金字塔"，见表3-1。

表3-1 劳动法四个层次

劳动法的体系构成	内涵	具体法律法规
第一层次	这一层次是指制定一个涉及面较广，又比较原则的"劳动法总纲"；在形式上，是全国代表大会制定的劳动基本法律，在内容上是对有关劳动方面根本的、普遍的、重要的问题所做的原则性规定	全国人民代表大会常务委员会制定了《中华人民共和国劳动法》，还有《中华人民共和国企业法》，它们之间有一些基本的分工：企业法是以维护企业对生产资料的经营权为核心，劳动法则应以维护劳动者对本人劳动力的所有权为核心

续表

劳动法的体系构成	内涵	具体法律法规
第二层次	这一层次在形式上主要是全国人民代表大会常务委员会制定的单行劳动法律，名称上可称为"法"；少数特别重要的法律，可由全国人民代表大会直接制定；一些涉及面较窄的内容也可由国务院制定为行政法规。在内容上主要是依据劳动法的基本原则，确立调整劳动关系及劳动行政关系某一方面的基本制度。第二层次的立法是将劳动法总纲的规定进一步专项化、制度化	（1）主体立法。它是对劳动法主体进行规定的法律，包括对用人单位、劳动者、工会及劳动行政机关的规定。我国制定了《中华人民共和国全民所有制工业企业法》《中华人民共和国城镇集体所有制企业条例》等一系列企业法，规定了企业的法律地位。 （2）合同立法。它是体现劳动关系双方当事人自主权和平等协商的法律制度，也是"劳动关系协调合同化"这一劳动法基本原则的具体体现，在法律内容上以存在着任意性规范为特征。作为第二层次的法规，有两个综合性条例：①《中华人民共和国劳动合同法》，对劳动合同的订立、履行、终止及变更、解除做出较全面的规定；②《中华人民共和国集体合同法》，对集体协商、集体合同内容、集体合同变更、集体合同解除等做出全面的规定。 （3）基准立法。它是对用人单位劳动义务所做的最低标准的规定，也是"劳动条件基准化"这一劳动法基本原则的具体体现。在法律内容上以强制性规范为特征。例如，《中华人民共和国工时休假法》对最长工时、带薪休假做出规定，并对延长工时进行限制；《中华人民共和国工资法》对工资的确定和支付做出一系列基本规定；《中华人民共和国安全生产法》《中华人民共和国劳动保护法》对劳动安全卫生的基本要求做出一系列具体规定。 （4）保障立法。这里所说的保障立法仅指社会性的保障规定。它是以劳动关系建立前和终止后的关系为主要内容，也是"劳动者保障的社会化"原则的体现。这类立法主要包括两方面的内容：①《中华人民共和国就业促进法》，当劳动关系尚未建立时，以促进就业、帮助劳动者建立劳动关系为目的，从而对就业服务机构、就业服务企业、就业基金、就业歧视的制止等做出一系列原则规定；②《中华人民共和国社会保险法》，当劳动关系丧失或劳动力丧失、部分丧失时以保障劳动者的基本生活为目的，确立失业保险、养老保险、医疗保险、工伤保险、生育保险、疾病与伤残津贴、遗属津贴等基本制度。 （5）执法规定。应当体现"劳动执法规范化"的原则。作为程序法应与实体法相配合，主要表现在：与合同法相配套，制定了以劳动争议调解、仲裁为基本内容的《中华人民共和国劳动争议处理法》；与基准法相配套，制定了《中华人民共和国劳动监察法》

续表

劳动法的体系构成	内涵	具体法律法规
第三层次	在形式上主要是国务院制定的劳动行政法规，在名称上主要用"条例""规定"，以和上一层次"法"的称谓区别；少数特别重要的内容也可由全国人民代表大会常务委员会制定为法律；一些有待进一步完善或涉及较具体内容的也由国务院各部委制定为劳动行政规章，名称上主要用"办法""细则"以和"法""条例""规定"的称谓相区别。在内容上是对第二层次的法进一步具体化，并可依据劳动法律制度的具体原则，使各项内容专门化、制度化	（1）主体立法。①用人单位方面：主要是制定一系列劳动管理方面的规定。目前我国的用人单位仍保留着所有制的痕迹，作为一种过渡性的规定已经有一些，如《私营企业劳动管理暂行规定》《中华人民共和国中外合资经营企业劳动管理规定》等。②劳动者方面：主要是对一些特殊劳动力的资格加以确定，例如《禁止使用童工条例》《学位条例》《专业技术职务聘任条例》《高级技师评聘规定》《工人技术考核规定》《劳动能力鉴定规定》等。 （2）合同立法。①劳动合同方面：主要是将劳动合同订立、变更、终止、解除中的内容具体化。包括《招工规定》《保守商业秘密规定》《技术工种上岗培训办法》《服务期确定办法》《学徒管理规定》《企业裁员管理规定》《患病和非因工负伤医疗期规定》《履行和解除劳动合同的经济补偿办法》《内部劳动规则制定的规定》；②集体合同方面：《集体协商规定》《集体合同审查办法》 （3）基准立法。①工时休假方面：《企业实行不定时工作和休息规定》《计件工作工时的管理办法》《综合计算工时的规定》《限制延长工时的规定》《年休假规定》；②工资方面：《最低工资条例》《履行社会义务的工资确定规定》《工资支付条例》；③劳动安全卫生方面：《企业职工伤亡事故报告处理条例》《特别重大事故调查程序条例》《职业病认定和处理规定》，还可按产业特点对劳动环境、劳动条件、安全培训等做出一系列具体规定；④女工和未成年工保护方面：《女职工保护条例》《未成年工保护条例》。 （4）保障立法。①促进就业方面，包括《劳动就业管理服务机构的规定》《职业介绍条例》《农村劳动力跨地区就业管理规定》《就业登记办法》《劳动就业企业规定》《就业基金规定》《就业和失业统计办法》《反就业和职业歧视规定》《职业技能开发条例》《职业技能鉴定条例》《残疾人就业条例》《促进中高龄劳动者就业办法》；②社会保险方面，包括《社会保险管理服务机构规定》《失业保险条例》《养老保险条例》《医疗保险条例》《工伤保险条例》等。 （5）执法规定。①劳动争议处理方面，如《劳动争议仲裁委员会组织规定》《劳动争议仲裁委员会办案规则》等；②劳动监察方面，如《劳动监察员管理办法》《劳动安全卫生监察条例》；③法律责任方面，如《违反劳动法的行政处罚条例》《违反劳动法的赔偿办法》

劳动法的体系构成	内涵	具体法律法规
第四层次	主要是省、自治区、直辖市人民代表大会和它的常务委员会制定的地方性劳动法规及地方政府制定的地方性规章。根据各地方的实际情况，在不违背劳动法律、劳动行政法规的条件下，依照法定权限和程序制定的适用于本地方的各种法规	我国幅员辽阔，经济发展水平参差不齐，涉及具体待遇的规定，由各地规定较为适宜

二、《中华人民共和国劳动法》

《中华人民共和国劳动法》（以下简称《劳动法》）于1995年1月1日起施行，并分别于2009年和2018年进行了修正。它是为了保护劳动者的合法权益，调整劳动关系，建立和维护适应社会主义市场经济的劳动制度，促进经济发展和社会进步而制定的。

《劳动法》分为十三章，具体包括总则、促进就业、劳动合同和集体合同、工作时间和休息休假、工资、劳动安全卫生、女职工和未成年工特殊保护、职业培训、社会保险和福利、劳动争议、监督检查、法律责任、附则。

三、《中华人民共和国劳动合同法》

《中华人民共和国劳动合同法》（以下简称《劳动合同法》）是为了完善劳动合同制度，明确劳动合同双方当事人的权利和义务，保护劳动者的合法权益，构建和发展和谐稳定的劳动关系而制定的法律，由第十届全国人民代表大会常务委员会第二十八次会议于2007

年 6 月 29 日修订通过，自 2008 年 1 月 1 日起施行。《劳动合同法》适用范围为中华人民共和国境内的企业、个体经济组织、民办非企业单位以及国家机关、事业单位、社会团体等组织。

四、《中华人民共和国就业促进法》

《中华人民共和国就业促进法》（以下简称《就业促进法》）是自 2008 年 1 月 1 日开始施行的。这部法律将就业工作纳入法制化轨道，从法律层面形成了更有利于学生就业的社会环境。《就业促进法》共有九章六十九条，主要内容归纳为"116510"，即"一个方针，一面旗帜，六大责任，五项制度，十大政策"。

（一）一个方针

一个方针，即坚持"劳动者自主择业，市场调节就业，政府促进就业"的方针。

（二）一面旗帜

一面旗帜，即高举"公平就业"旗帜，创造公平就业的环境。《就业促进法》第三条明确规定：劳动者就业，不因民族、种族、性别、宗教信仰不同而受歧视；同时专设"公平就业"一章（第三章第二十五条至第三十一条）明确规定：残疾人、传染病携带者和进城就业的农村劳动者等群体享有与其他劳动者平等的劳动权利。

（三）六大责任

六大责任，即法律对政府在促进就业中承担重要职责做出了明确规定，主要包括以下六个方面：

1. 发展经济和调整产业结构，增加就业岗位

《就业促进法》第四条："县级以上人民政府把扩大就业作为经济和社会发展的重要目标，纳入国民经济和社会发展规划，并制定促进就业的中长期规划和年度工作计划。"第十一条："县级以上人民政府应当把扩大就业作为重要职责，统筹协调产业政策与就业政策。"

2.制定并实施积极的就业政策

《就业促进法》专设"政策支持"一章，将目前实施的积极就业政策中行之有效的核心措施通过法律形式确定下来，形成长期有效的机制。

3.规范人力资源市场

《就业促进法》第三十二条规定："县级以上人民政府培育和完善统一开放、竞争有序的人力资源市场，为劳动者就业提供服务。"第三十八条规定："县级以上人民政府和有关部门加强对职业中介机构的管理，鼓励其提高服务质量，发挥其在促进就业中的作用。"

4.完善就业服务

《就业促进法》专设"就业服务和管理"一章，对完善就业服务，特别是加强公共就业服务做了明确规定。

5.加强职业教育和培训

《就业促进法》专设"职业教育和培训"一章，进一步明确职业培训作为促进就业的重要支柱和根本措施，应成为各级政府促进就业工作的着力点。

6.提供就业援助

《就业促进法》专设"就业援助"一章，明确规定各级政府应采取各种有效措施，对就业困难人员实行优先扶持和重点帮助。

（四）五项制度

五项制度，即以法律形式将就业工作制度化，主要包括五个方面：①加强对就业工作组织领导的政府责任制度；②加强对劳动者工作的公共就业服务和就业援助制度；③加强对市场行为规范的人力资源市场管理制度；④加强对人力资源素质提升的职业能力开发制度；⑤加强对失业治理的失业保险和预防制度。

（五）十大政策

十大政策分别是：①有利于促进就业的经济发展政策；②有利于促进就业的财政保障政策；③有利于促进就业的税费优惠政策；④有利于促进就业的金融支持政策；⑤城

乡统筹的就业政策；⑥区域统筹的就业政策；⑦群体统筹的就业政策；⑧有利于灵活就业的劳动和社会保险政策；⑨援助困难群体的就业政策；⑩实行失业保险促进就业政策。

五、《中华人民共和国社会保险法》

《中华人民共和国社会保险法》（以下简称《社会保险法》）于2011年7月1日起施行。2018年，第十三届全国人民代表大会常务委员会第七次会议对《中华人民共和国社会保险法》部分条款做了修改。

《社会保险法》是中国特色社会主义法律体系中起支架作用的重要法律，是一部着力保障和改善民生的法律。《社会保险法》规定，国家建立基本养老保险、基本医疗保险、工伤保险、失业保险、生育保险等社会保险制度，保障公民在年老、疾病、工伤、失业、生育等情况下依法从国家和社会获得物质帮助的权利。

案例分析

"实习生"是否执行最低工资标准

广州某酒店于2022年4月请了一名职高三年级毕业班学生小刘到该公司实习。实习期间，双方未签订书面协议，小刘做五休二，每天工作8小时，公司向其发放70元一天的实习补助。

2022年7月，小李大学毕业，取得毕业证书，并且办理了劳动手册。2022年9月，在实习5个月之后，该公司认为小刘表现不错，便与其签订了自2022年9月1日起的为期2年的劳动合同，月工资为2 500元。2011年2月，小刘向公司辞职并提出，其在公司实习5个月期间，公司应当按照国家规定的最低工资标准补足5个月的工资差额。

公司表示不能接受这样的要求，拒绝补足。小刘即向劳动争议仲裁委员会申请仲裁，要求公司要求按照最低工资标准补足2010年4月至8月实习期间的工资。

思考："实习生"是否执行最低工资标准？

分析：用人单位与劳动者建立劳动关系的，则应当按不低于最低工资标准的水平支付劳动报酬。故要判断实习生是否执行最低工资标准，关键要看其与用人单位是否建立了劳动关系。

"捍卫劳动者的正当权益"主题活动

1. 活动背景： 小李是汕头一家私有电子配件厂的职工，2022年3月她开始在该厂工作。该厂刚刚开办，人手不够，经常要求工人加班赶活。小李和工友们从3月份至6月份，每月只休息1天。但工厂只发给她们每月1500元的工资。扣除加班加点的工资报酬，每月的基本工资只有900元。而当地政府规定的最低工资标准是1410元。电子配件厂老板告诉她们，每月工资1500元，已经高于当地最低工资标准，不可能再给她们调高工资报酬。小李不知道老板的做法合不合法，一时陷入了迷茫。你作为小李的朋友，刚好对《劳动法》和《劳动合同法》有所了解和认识，这时你会建议她向哪些部门主张自己的权利？

2. 活动主题： 捍卫劳动者的正当权益。

3. 活动时间： 一周。

4. 活动实施：

（1）将同学们分成小组。

（2）各小组利用互联网搜集侵犯劳动者合法权益的相关案例，查阅并学习与案例相关的保护劳动者权益的法律法规。

（3）每个小组派一名代表参加"捍卫劳动者正当权益"主题的汇报活动。

（4）评选出汇报最佳的小组。

3.3　劳动合同及权益保障

李鸿的试用期

李鸿于2019年1月应聘到一家高新技术企业工作。由于该企业可以解决户口问题，因而求职者趋之若鹜。公司百里挑一选中了李鸿，李鸿高兴地与单位签订了劳动合同。劳动合同的约定期限为两年半，试用期为半年。试用期工资每月为3 000元，试用期满正式工资为每月5 000元。李鸿刚开始很高兴，后来别人告诉他，公司的行为已违法。李鸿陷入了迷茫中，他该如何主张自己试用期的权利？

思考： 作为劳动者，李鸿应该如何主张自己试用期的权利？

知识储备

一、劳动合同

劳动合同

劳动合同是指劳动者与用人单位之间确立劳动关系，明确双方权利和义务的协议。订立和变更劳动合同，应当遵循平等自愿、协商一致的原则，不得违反法律、行政法规的规定。劳动合同依法订立即具有法律约束力，当事人必须履行劳动合同规定的义务。

根据《中华人民共和国劳动法》第十六条第一款规定，劳动合同是劳动者与用工单位确立劳动关系、明确双方权利和义务的协议。根据这个协议，劳动者加入企业、个体经济组织、事业组织、国家机关、社会团体等用人单位，成为该单位的一员，承担一定的工种、岗位或职务工作，并遵守所在单位的内部劳动规则和其他规章制度；用人单位应及时安排被录用的劳动者工作，按照劳动者提供劳动的数量和质量支付劳动报酬，并且根据劳动法律、法规规定和劳动合同的约定提供必要的劳动条件，保证劳动者享有劳动保护及社会保险、福利等权利和待遇。

（一）劳动合同的签订原则

1.合法原则

劳动合同必须依法以书面形式订立，做到主体合法、内容合法、形式合法、程序合法。只有合法的劳动合同才能产生相应的法律效力，任何一方面不合法的劳动合同，都是无效合同，不受法律承认和保护。

2. 协商一致原则

在合法的前提下，劳动合同的订立必须是劳动者与用人单位双方协商一致的结果，是双方"合意"的表现，不能是单方意思表示的结果。

3. 合同主体地位平等原则

在劳动合同的订立过程中，当事人双方的法律地位是平等的。劳动者与用人单位不应因为各自性质的不同而处于不平等地位，任何一方不得对他方进行胁迫或强制命令，严禁用人单位对劳动者横加限制或强迫命令等情况。只有真正做到地位平等，才能使所订立的劳动合同具有公正性。

4. 等价有偿原则

劳动合同明确双方在劳动关系中的地位作用，劳动合同是一种双务有偿合同，劳动者承担和完成用人单位分配的劳动任务，用人单位付给劳动者一定的报酬，并负责劳动者的保险金额。

名 人 名 言

在生命所有的季节播种，喜悦存在于劳动的过程中。

——毕淑敏

（二）劳动合同内容

根据《中华人民共和国劳动合同法》的规定，用人单位与劳动者签订劳动合同应以书面形式确立，劳动合同内容就是劳动合同中包含的具体条款，这些条款分为必备条款和补充条款：

1. 必备条款

必备条款包括以下内容：

（1）用人单位的名称、住所和法定代表人或者主要负责人。

（2）劳动者的姓名、住址和居民身份证或者其他有效身份证件号码。

（3）劳动合同期限。它指的是劳动合同的有效时间，是双方当事人所订立的劳动合同起始时间和终止时间，即劳动关系具有法律效力的时间。

（4）工作内容和工作地点。工作内容包含从事劳动的工种、岗位，以及应该完成的生产（工作）任务及工作班次等；工作地点指的是劳动者具体上班的地点，对劳动者来说越详细越好。

（5）劳动报酬。它主要包括工资、奖金、津贴和补贴等内容。

（6）劳动纪律。它是劳动者在生产（工作）过程中必须遵守的工作秩序和劳动规则。

（7）劳动合同终止的条件。劳动合同中约定的合同终止条件是指除法律、法规规定的合同终止以外，当事人双方自己协商确定的终止合同效力的条件。

（8）劳动保护、劳动条件和职业危害防护。它们指的是用人单位应当为劳动者提供的劳动保护措施和劳动条件，主要包括劳动安全和卫生规程、工作时间和休息、休假等内容。

（9）违反劳动合同的责任。它是指当事人由于自己的过错而造成劳动合同的不履行，或不适当履行所应当承担的责任。法律、法规规定应当纳入劳动合同的其他事项。

2. 补充条款

补充条款又称为"可备条款"，是双方当事人通过协商订立的条款，条款的内容如下：

（1）试用期条款。试用期条款是劳动合同中的常见条款，法律对试用期有较明确的规定。如试用期应当包含在劳动期内，并应当参加社会保险，以及试用期最长不得超过 6 个月等。其中合同期在 1 年以上 2 年以内的，试用期不得超过 60 日；合同期在 6 个月以上 1 年以下的，试用期不得超过 30 日；合同期在 6 个月以下的，试用期不得超过 15 日等。

（2）保守商业秘密条款。约定这一条款的目的在于保护用人单位的经济利益，目前越来越多的用人单位开始重视商业秘密的保护，在录用一些关键岗位的人员时均要求签订相应的保密条款。

（三）无效劳动合同

无效劳动合同是指当事人违反法律规定订立的劳动合同，该劳动合同不具有法律效力。根据无效程度，无效劳动合同分为部分无效和全部无效。

二、劳动权利

（一）平等就业与选择职业的权利

每个劳动者都拥有平等就业和选择职业的权利。所谓平等就业就是指在劳动就业中实行男女平等及民族平等的原则。招工时不得歧视妇女，不得歧视少数民族的劳动者，对男女及不同民族的劳动者应一视同仁。在录用职工时，除国家规定的不适合妇女的工种或者岗位外，不得以性别为由拒绝录用妇女或者提高对妇女的录用标准。在劳动和工作的调配方面应根据实际情况，对妇女予以必要的照顾。根据政策等对少数民族应有适当的照顾，在工资方面应贯彻同工同酬的原则。

（二）取得劳动报酬的权利

这项权利是指劳动者有权根据自己的劳动数量和质量及时得到合理的报酬，任何用人单位不得克扣或无故延期支付。《中华人民共和国劳动合同法》规定，全日制用工的，工资应当至少每月支付一次；非全日制用工劳动报酬结算支付周期最长不超过 15 日。在此规定下，用人单位工资发放时间由用人单位与职工在劳动合同中约定。

在我国，劳动者取得劳动报酬的分配方式是按劳分配。按劳分配是根据劳动者提供的劳动量给付报酬，多劳多得，少劳少得，不劳不得。为给予劳动者必要的社会保护，国家实行最低工资保障制度。最低工资是指保障劳动者及其家庭的最低生活需要的工资，其标准由各省、自治区及直辖市人民政府规定，报国务院备案。

（三）休息休假的权利

我国实行每日工作 8 小时，平均每周工作 40 小时的工作制度。

一般情况下，在法定的节假日期间，用人单位应当按照国家规定的休假天数安排劳动者休假，而不能任意组织加班。用人单位由于生产经营需要，经与工会和劳动者协商后可以延长工作时间，一般每日不得超过 1 小时；因特殊原因需要延长工作时间的，在保障劳动者身体健康的条件下延长工作时间每日不得超过 3 小时，每月不得超过 36 小时。

用人单位在符合法律规定的条件下延长劳动者的工作时间，必须向劳动者支付报酬，而且要支付高于劳动者正常工作时间的工资报酬。

此外，我国还实行带薪休假制度。劳动者连续工作1年以上，享受带薪休年假。

（四）获得劳动安全和卫生保护的权利

在劳动生产过程中存在各种不安全和不卫生因素，如不采取措施加以保护，就会危害劳动者的生命安全和身体健康，甚至妨碍生产的正常进行。劳动者有权要求改善劳动条件和加强劳动保护，保证在生产过程中能够安全和健康。

劳动者在劳动过程中必须严格遵守安全操作规程，对用人单位管理人员违章指挥及强令冒险作业等有权拒绝执行；对危害生命安全和身体健康的行为有权提出批评、检举和控告。从事特种作业的劳动者必须经过专门培训并取得特种作业资格。

（五）接受职业技能培训的权利

职业技术培训是为了培养和提供人们从事各种职业所需的技术业务知识和实际操作技能而进行的教育和训练，劳动者有权要求接受这种教育和训练。

（六）享受社会保险福利的权利

享受社会福利保险是每个劳动者都拥有的劳动权利，我国宪法明确规定："中华人民共和国公民在养老、疾病或者丧失劳动能力的情况下，有从国家和社会获得物质帮助的权利。"劳动者享受的社会保险和福利权也就是劳动者享受的物质帮助权。

用人单位和劳动者必须依法参加社会保险，缴纳社会保险费。国家鼓励用人单位根据本单位实际情况为劳动者建立补充保险，提倡劳动者个人进行储蓄性保险。将基本保险、补充保险和储蓄性保险相结合，使劳动者享受的社会保险待遇得到切实保障。

（七）提请劳动争议处理的权利

劳动争议涉及劳动者的健康安全、工作和生活的各个方面，关系到劳动者的切身利益，因此一旦劳动争议出现，劳动者就有权请求处理。

解决劳动争议应当根据合法、公正和及时处理的原则，依法维护劳动争议当事人的合法权益。

三、劳动争议的处理

劳动争议是指劳动关系的当事人之间因执行劳动法律、法规和履行劳动合同而发生

的纠纷，即劳动者与所在单位之间因劳动关系中的权利义务而发生的纠纷。

劳动争议的范围在不同的国家有不同的规定，根据《中华人民共和国劳动争议调解仲裁法》第二条规定，劳动争议的范围如下：

（1）因确认劳动关系发生的争议。

（2）因订立、履行、变更、解除和终止劳动合同发生的争议。

（3）因除名、辞退和辞职、离职发生的争议。

（4）因工作时间、休息休假、社会保险、福利、培训及劳动保护发生的争议。

（5）因劳动报酬、工伤医疗费、经济补偿或赔偿金等发生的争议。

（6）劳动者与用人单位在履行劳动合同过程中发生的纠纷。

（7）劳动者与用人单位之间没有订立书面劳动合同，但已形成劳动关系后发生的纠纷。

（8）劳动者退休后，与尚未参加社会保险统筹的原用人单位因追索养老金、医疗费、工伤保险待遇和其他社会保险而发生的纠纷。

（9）法律、法规规定的其他劳动争议。

劳动争议处理方式包括协商、调解、仲裁和诉讼。

《中华人民共和国劳动争议调解仲裁法》第四条规定："发生劳动争议，劳动者可以与用人单位协商，也可以请工会或者第三方共同与用人单位协商，达成和解协议。"第五条规定："发生劳动争议，当事人不愿协商、协商不成或者达成和解协议后不履行的，可以向调解组织申请调解；不愿调解、调解不成或者达成调解协议后不履行的，可以向劳动争议委员会申请仲裁；对仲裁裁决不服的，除本法另有规定的外，可以向人民法院提起诉讼。"

案例分析

提前解约

陈富是某软件开发公司的高级工程师，他得到公司老总的赏识，被安排在软件开发部。出于工作的需要，他掌握着软件开发过程中许多关键性的技术和机密，然而，正是这些技术和机密给他带来了一场官司。原来，陈富觉得一家正处于创业阶段的小公司更能发挥自己的才智和特长，于是想"另谋高就"，遂向公司递交了辞呈，公司未做答复。一个月后，陈富要求办理辞职手续，被公司拒绝。双方为此发生争执，陈富的辞职主张得到了劳动争议仲裁委员会的支持，仲裁委裁定陈富与公司解除劳动合同，并依合同约定支付违约金3 000元。

公司不服，遂起诉到法院，请求撤销仲裁委的裁定，判令陈富继续履行劳动合同，并赔偿由此给公司造成的经济损失。理由是陈富掌握着公司的商业秘密，他跳槽后，很可能使第三者知道并利用这些技术，使公司利益受损。况且，双方签订的劳动合同尚未到期，应当继续履行。被告陈富则不同意公司的诉讼请求，要求维持仲裁委的裁决。法庭质证过程中，陈富和公司都对双方所签劳动合同予以认可。公司对其所称经济损失的主张，没有举出相应证据。

思考： 作为劳动者，如果想提前解约，应该履行哪些法律义务？

分析： 本案双方当事人争议的焦点是被告陈富是否享有辞职权，以及软件开发公司能否以保护商业秘密为由不予办理辞职手续。《中华人民共和国劳动法》和《中华人民共和国劳动合同法》都规定了劳动者的辞职权。《中华人民共和国劳动合同法》第三十七条规定，劳动者提前30日以书面形式通知用人单位，可以解除劳动合同。陈富提前30日书面通知公司解除劳动合同，依法履行了劳动者的预告通知义务，公司应当同意并为其办理辞职手续。

其次，公司能否以保护商业秘密为由，阻止陈富解除劳动合同。劳动者单方解除劳动合同，除了依照法定程序以外，对劳动者行使辞职权不附加任何条件。用人单位不能以风险和损失阻止及干扰劳动者辞职。双方在商业秘密上争议的实质其实是对商业秘密的保守和竞业禁止。《中华人民共和国劳动合同法》第二十三条规定，用人单位与劳动者可以在劳动合同中约定保守用人单位的商业秘密和与知识产权相关的保密事项。对负有保密义务的劳动者，用人单位与劳动者可以在劳动合同或者保密协议中与劳动者约定竞业限制条款，并约定在解除或者终止劳动合同后，在竞业限制期限内按月给予劳动者经济补偿。劳动者违反竞业限制约定的，应当按照约定向用人单位支付违约金。从这里可以看出，保守商业秘密和竞业限制是用人单位和劳动者的约定条款，用人单位和劳动者可以选择约定，也可以不约定，并不存在必须约定的法律义务。在本案中，软件公司没有和陈富约定保守商业秘密和竞业禁止条款，又没有能够举证证明陈富的提前解约行为已经给单位造成现实的、直接的损失。因此单位不能以此理由阻止、干扰陈富解除劳动合同。

根据双方签订的劳动合同，双方约定"劳动者提前解除合同，需向用人单位支付违约金3 000元"，陈富应当依约支付违约金。

拓展训练

"996的利与弊"主题探讨活动

2019年4月14日，"人民日报评论"微信公众号发表《崇尚奋斗，不等于强制996》的锐评："我们的企业不仅要依靠员工的汗水，更要激发员工的灵感；不仅要让员工更努力地工作，更要激发员工更高效地工作；不仅要靠加班工资的激励，更要让家人的陪伴、身体的健康、意义的饱满也成为工作的奖赏。"

活动主题： 探究996工作时间的利与弊。

活动时间： 一周。

活动实施：

（1）5人一组，以探究字节跳动公司取消996大小周后，薪资普遍降低遭员工反对为例的主要内容。

（2）每个小组从不同的角度出发，一是公司角度，二是员工角度，对"996"制度是否应该取消以及996制度的利与弊进行探讨。

（3）每组之间进行主题为"996的利与弊"的辩论赛。

（4）由班级同学评选出最佳辩论小组。

3.4　实习与现代学徒制权益

案例导入

　　中国裁判文书网披露的太平洋证券一份有关劳动争议的一审判决书，受到业内关注。在该案中，原告与太平洋证券未签订劳动合同，工作近10个月，诉请公司支付工资、赔偿金等。双方争议焦点在于原告是否与太平洋证券存在劳动关系。太平洋证券主张对方是实习生身份。最终，法院一审判决双方存在劳动关系，且太平洋证券应支付原告工资、赔偿金等合计逾20万元。

> **思考：**
> 1. 太平洋证券公司违反了《中华人民共和国劳动合同法》的哪项规定？
> 2. 当你入职一家公司时应该与公司签订什么来维护自己的合法权益？

知识储备

一、实习及相关概念

（一）实习

　　实习是指在实践中学习。在经过一段时间的学习之后，需要了解自己的所学需要或应当如何应用在实践中。因为任何知识都源于实践，归于实践，所以要付诸实践来检验所学。

（二）认识实习

　　认识实习是指学生由职业学校组织到实习单位参观、观摩和体验，形成对实习单位和相关岗位的初步认识的活动。

（三）跟岗实习

跟岗实习是指不具有独立操作能力、不能完全适应实习岗位要求的学生，由职业学校组织到实习单位的相应岗位，在专业人员指导下部分参与实际辅助工作的活动。

（四）顶岗实习

顶岗实习是指初步具备实践岗位独立工作能力的学生，到相应实习岗位，相对独立地参与实际工作的活动。职业院校学生的实习过程既是一个学习过程，也是一种劳动过程。根据国家相关文件要求，认识实习、跟岗实习由职业学校安排，学生不得自行选择。学生经本人申请，职业学校同意，可以自行选择顶岗实习单位。对自行选择顶岗实习单位的学生，实习单位应安排专门人员指导学生实习，学生所在职业学校要安排实习指导教师跟踪了解实习情况。

二、顶岗实习

顶岗实习是在校学生实习的一种方式，是指在基本完成教学实习和学过大部分基础技术课之后，到专业对口的现场直接参与生产过程，综合运用本专业所学的知识和技能，以完成一定的生产任务，并进一步获得感性认识，掌握操作技能，学习企业管理方法，养成正确劳动态度的一种实践性教学形式。顶岗实习是学生在企业里身兼员工身份，将理论与实践进行有机结合，根据明确的工作责任和要求，提前到岗位上真刀实枪地工作，有效实现学校与社会的"零距离接触"。学生顶岗实习期间的任务，主要是完成实习工作任务和实习期间的学习任务，在实习期间既能提高自身职业技能，又能培养吃苦耐劳精神，提升自身就业竞争力。

职业院校为了帮助学生与职业岗位更好地对接，让学生掌握更多的就业知识与专业知识，需要安排学生顶岗实习。不同于普通实习实训，顶岗实习需要完全履行其岗位的全部职责。

根据不同专业的人才培养要求，顶岗实习一般安排在学生在校学习的最后半年，禁止安排一年级在校学生参加顶岗实习。

2016年4月，教育部根据《中华人民共和国教育法》《中华人民共和国职业教育法》《中华人民共和国劳动法》《中华人民共和国安全生产法》《中华人民共和国未成年人保护法》《中华人民共和国职业病防治法》及相关法律法规的要求，同财政部、人力资源和社会保障部、国家安全监管总局、原中国银保监会五部门联合印发了《职业学校学生实习管理规定》。

《职业学校学生实习管理规定》对顶岗实习管理进行了规定，主要内容如下：

（1）顶岗实习的形式是学生相对独立参与实际工作，顶岗实习是职业院校教育教学的核心部分。

（2）顶岗实习的实习单位需是合法经营、管理规范、实习设备完备、符合安全生产法律法规要求的单位，学校需对实习单位进行全面的考察，包括单位资质、诚信状况、管理水平、实习岗位性质和内容、工作时间、工作环境、生活环境及健康保障、安全防护等内容。

（3）顶岗实习管理主体是学校和实习单位，学校和实习单位应分别选派实习指导教师和专门人员全程指导、共同管理学生实习，要依法保障实习学生的基本权利。

（4）学校、实习单位、学生应在顶岗实习前签订三方协议，约定各方基本信息：实习的时间、地点、内容、要求与条件保障；实习期间的食宿和休假安排；实习期间劳动保护和劳动安全、卫生、职业病危害防护条件；责任保险与伤亡事故处理办法，对不属于保险赔付范围或者超出保险赔付额度部分的约定责任；实习考核方式；违约责任；实习报酬与支付方式及其他需要约定的事项。

（5）学生有权利要求学校安排符合专业培养目标要求，与学生所学专业对口或相近的实习岗位或自行选择符合专业培养目标要求，与学生所学专业对口或相近的实习岗位。

（6）实习单位应遵守国家关于工作时间和休息休假的规定，除已报备案之外，不得安排学生在法定节假日实习、加班和上夜班。

（7）实习单位应合理确定顶岗实习报酬，顶岗实习报酬原则上不低于本单位相同岗位试用期工资标准的80%，并按照实习协议约定，以货币形式及时、足额支付给学生。

（8）禁止违反法律或其他相关保护规定安排学生顶岗实习，禁止学生到酒吧、夜总会、歌厅、洗浴中心等营业性娱乐场所实习，禁止通过中介机构或有偿代理组织安排和管理学生的实习工作。

（9）学校和实习单位不得向学生收取实习押金、顶岗实习报酬提成、管理费或者其他形式的实习费用，不得扣押学生的居民身份证，不得要求学生提供担保或以其他名义收取学生财物。

（10）除相关专业和实习岗位有特殊要求，并报上级主管部门备案的实习安排之外，实习单位不得安排学生从事高空、井下、放射性、有毒、易燃易爆，以及其他具有较高安全风险的实习。

（11）学校应组织做好学生实习情况的立卷归档工作。实习材料包括实习协议、实习计划、学生实习报告、学生实习考核结果、实习日志、实习检查记录、实习总结等。

（12）违反规章制度、实习纪律及实习协议的学生，学校及实习单位需进行批评教育；学生违规情节严重的，经双方研究后，由职业学校给予纪律处分；给实习单位造成财产损失的，学生应当依法予以赔偿。

三、现代学徒制

（一）现代学徒制概述

现代学徒制是中华人民共和国教育部于2014年提出的一项旨在深化产教融合、校企合作，进一步完善校企合作育人机制，创新技术技能人才培养模式。

现代学徒制是通过学校、企业深度合作，教师、师傅联合传授，对学生以技能培养为主的现代人才培养模式。与普通大专班和以往的订单班、冠名班的人才培养模式不同，现代学徒制更加注重技能的传承，由校企共同主导人才培养，设立规范化的企业课程标准、考核方案等，体现了校企合作的深度融合。

现代学徒制具有"招生招工同步、确定培养目标、实现教学方案、整合教学资源和实践双绩评价"的办学特色，其教学过程采用工学交替、半工半读的方式，将专业知识教育与实践技能培训相结合，通过职业院校与企业的密切合作，形成"教师＋师傅"的教育新资源。按照现代学徒制的人才培养计划和要求，学校和企业同时作为施教主体，职业院校有针对性地为企业用工培养技术人才，企业在招收学徒时与学校合作，达到招生与招工一体化的目的。现代学徒制的特征使学生具有学生与学徒的双重身份。学生通过在企业预定的工作岗位学习，培养具体实操

能力，完成教学计划的同时学习专业技能。由于学生事实上已经在用人单位提供劳动，其人身在一定范围内交由企业支配，与企业形成特殊劳动法律关系，可以称为"准劳动关系"。

名人名言

在劳力上劳心，是一切发明之母。事事在劳力上劳心，便可得事物之真理。

——陶行知

（二）现代学徒制下学生权益

现代学徒制的学生在实习期间一般从事实操性强的工作岗位，与各种设备接触，与不同机器打交道，即便在严格按照企业劳动规范进行劳动的情况下，也可能会出现不同程度的安全事故，因此，学生人身权益受损情况时有发生。根据劳动关系特征，学生人身权益保护应等同于企业员工，学生遵循企业各项劳动规则，接受企业劳动指令与管理，企业应该承担学生人身健康的保障义务。

学生人身权益主要是生命权和健康权，保障学生生命权和健康权是做好安全工作的基本前提。学生由于在企业做学徒而不在学校直接监管之下，企业对学生人身权益保护起到关键作用。现代学徒制虽然不同于"校企合作"办学模式，但在学生权益保护问题上面临同样的困境，学生作为学徒参与到实际工作中，不能等同于企业正式员工，在很多问题上无法用《劳动法》等相关法律予以解决。对于生命权和健康权这些最基本的人权保护，学校和企业应共同承担责任。

学生人身权益还包括身体权、名誉权、隐私权和人身自由权等方面。由于学生实际工作经验不足，又经常直接与机器设备接触，极易在生产工作过程中遭遇意外事故。例如，身体权受到侵害，被机器设备弄伤手脚时有发生；工作能力较弱，经常被同事、上司等训斥，个人自尊甚至名誉权不同程度受到侵害；个人信息在工作过程中严重外泄，高校和企业没有做好保护措施导致侵犯学生隐私权；因薪酬等原因对离职进行限制，部分学生不能按照个人意愿离开企业，在一定程度上人身自由权受到侵犯。在现代学徒制模式下，职业院校和企业应该为学生提供安全、卫生、合格的工作环境，让学生在保障个人人身安全前提下进行劳动。

学生作为学徒参与现代学徒制的学习任务，按照相关法律规定享有报酬权，但报酬额度的具体操作标准没有明确规定，企业支付学徒报酬没有法律的强制性约束，导致支付报酬随意性过大。在实际案例中，很多学生工作支出与报酬收入不对等，有些学生甚至白干活，个别企业以学生学徒身份为由，拒绝支付任何的工资或补贴。

与传统的学徒身份不一致，在实际工作岗位中还必须保障学生的休息权，适当缩短工时以保证其充分休息。从劳动法角度审视，剥夺学生休息权的行为明显侵犯学生合法权益。

另外，还需要保障学生的就业权、平等权、职业培训权、救济权、劳动保护权、工伤保险权等权利。其中，与学生切身利益相关的劳动保护权和工伤保险权受侵犯的情况较为普遍，学生有权利要求企业提供安全的环境条件，并将其纳入劳动者保护范围，赋予其工伤保险权。

案例分析

近代工厂学徒制

清朝末年，曾国藩、李鸿章等人掀起洋务运动，开始创办近代工厂，并在工厂中附设洋务学堂，与工厂合作培养所需的技术技能人才。这是我国近代工厂学徒制的开端。甲午战争失败后，我国民族工商业开始兴起。伴随着这一进程，近代工厂学徒制也逐渐发展壮大。统计表明，在1927年大革命以前，上海所有机器厂的工人中"学徒比重约占70%~80%，有的甚至除厂主外全部都是学徒"。

近代工厂学徒制发展壮大有其客观的社会原因：一是社会上能够提供的技术技能型人才难以满足民族工商业企业的需求，迫使这些企业通过学徒制的方式自行培养。近代工厂学徒制是一种职业教育制度。工厂学徒制的起源是通过在工厂中附设学堂，校企合作培养技术技能人才。在工厂学徒制体系中，学徒培养的内容既包括理论知识，也包括实操训练，培养采取工学结合、半工半读的形式进行。实操训练在工作时间内于工作岗位上进行，理论知识的学习大多在工作时间之外统一安排。根据规定，学徒在学习过程中和学习期满都要接受考核评价。这些都是典型的教育制度安排。

思考：

1. 现代学徒制与近代工厂学徒制有哪些相似之处？

2. 我国近代工厂学徒制经验有哪些是值得借鉴的？

分析： 近代工厂学徒制是一种劳动制度。近代工厂学徒制一般实行招考制度，报考者不仅要在年龄、品行、学历等方面满足厂方要求，而且要参加考试。考试合格者要与工厂签订契约，才能成为学徒。契约的主要内容包括"学徒年限、学徒违约后的赔偿、学徒受伤或身故后的追责"等。这意味着，工厂学徒制实质上是一种劳动制度。

现代学徒制虽然与工厂学徒制存在明显的差异，但两者都是学徒制，并且都需要企业深度参与，而企业参与的相对不足恰好又是现代学徒制发展面临的主要问题之一。

综上所述，在这样的情况下，要使现代学徒制稳步发展，就有必要借鉴我国近代工厂学徒制的经验，不仅应将现代学徒制理解为教育制度，同时也应将其视为一种劳动制度，将现代学徒制中的企业培训部分定位为一种带有教育属性的劳动制度，从劳动制度建设的角度筹划现代学徒制建设工作。

拓展训练

活动：我的实习安排。

查看你的专业人才培养方案，了解你所学专业安排的实习情况，把认识实习、跟岗实习和顶岗实习大致的时间和实习内容写在下面的表格中。

序号	实习性质（认识、跟岗、顶岗）	实习时间	实习内容

知识链接

中华人民共和国劳动法

模块 4　生产劳动实践

模块导读

　　中职学生从学校毕业进入社会后，将迅速成为我国工业、农业、服务业各个领域的中坚力量。中职学生的实习是他们走向职业活动之前较为系统的实践锻炼，在某种意义上也可以被视作一种准生产劳动。生产劳动中可能存在各种安全问题，这需要学生提高劳动安全意识，在作业场所能够正确辨识各种危险因素，做到自我管理、自我保护，防止被伤害，提高自身避灾自救能力。职场与校园是截然不同的环境和文化，为了提高学生的职业适应性，需要他们在校期间提前做好相关准备，适应学生角色到职业角色的转换，以便进入职场后能得心应手地展开工作。

认知目标

1.了解法律对劳动保护的规定，了解劳动保护的基本内容。

2.掌握职业安全卫生的基本内容以及劳动防护用品。

3.了解工学交替和现场管理的内容。

4.了解学生角色与职业角色的区别，为适应职场做准备。

情感态度观念目标

1.培养学生的劳动保护意识和良好的安全意识。

2.树立职业准备意识，适应职场环境意识。

3.提高实习过程中的安全防范意识。

运用目标

1.在劳动中，主动关注劳动安全，主动防范劳动风险。

2.在实习中，调适心态，做好角色转变。

3.在劳动实践中，学会积极沟通，自我保护。

知识导图

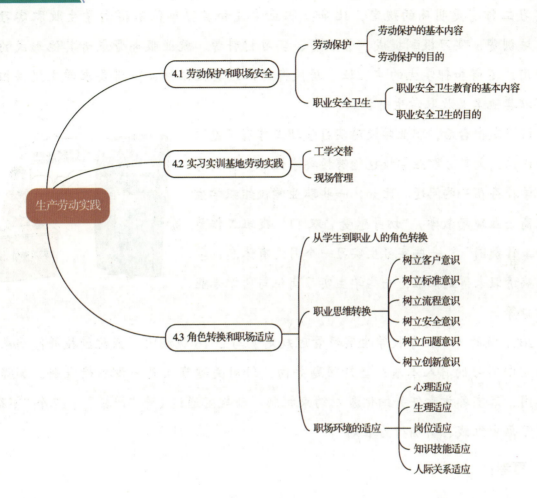

4.1　劳动保护和职场安全

案例导入

八部门联合印发职校生实习规定，杜绝职校"廉价劳动力"

前几年，职校生"被实习"负面新闻频出，"实习补贴缩水一半""被派分拣快递，一天工作10小时报酬10元"……这些行为严重损害了职校生权利，使之沦为"廉价劳动力"。还有一些职业学校收取学生实习报酬提成、收取管理费等。

2021年12月，教育部等八部门下发新修订的《职业学校学生实习管理规定》，对实习工作有更明确的规定，比如：职业学校和实习单位不得向学生收取实习押金、培训费、实习报酬提成、管理费、实习材料费、就业服务费或者其他形式的实习费用，不得扣押学生的学生证、居民身份证或其他证件，不得要求学生提供担保或者以其他名义收取学生财物。

该规定出台后，职业学校对实习管理工作有了更深刻的认识，大部分职业学校也能够按要求做好。但仍有部分学校存在一些问题。比如，一些职业学校组织学生到电商企业现场教学，"切身感受'双11'夜班工作节奏和工作氛围"；一些实习生实习一个月没有休息，学生因病请假未得到批准；一些学生实习岗位与所学专业不对口等。

2021版的《职业学校学生实习管理规定》与2016版相比，强化德技并修要求，推动回归实习的育人本质；坚持问题导向，针对关键节点进一步明确准则；加强部门协同，落实各方责任并细化激励约束机制。新规定通过1个"严禁"、27个"不得"为实习画出红线、明确行为准则。

思考：

1. 你是否了解《职业学校学生实习管理规定》的内容？

2. 如果你身边有违规组织学生实习的情况，你有什么好建议？

知识储备

劳动保护
与职场安全

一、劳动保护

劳动保护是国家和单位为保护劳动者在劳动生产过程中的安全和健康所采取的立法、组织和技术措施的总称。根据《中华人民共和国宪法》有关规定和"安全第一、预防为主"的方针，各级政府机关、经济管理部门、企事业单位及其管理人员，都必须采取各种组织措施和技术措施，为劳动者提供良好的安全生产环境和劳动生产条件，建立良好的生产秩序，尽量防止生产过程中存在的危险因素或致病因素使劳动者受到人身伤害，以保障劳动者的利益，激发他们的劳动积极性和创造性，避免人力、财力和物力不应有的损失，保障社会主义现代化强国的建设顺利进行。

（一）劳动保护的基本内容

（1）劳动保护的立法和监察。主要包括两大方面的内容：①属于生产行政管理的制度，如安全生产责任制度、加班加点审批制度、卫生保健制度、劳保用品发放制度及特殊保护制度；②属于生产技术管理的制度，如设备维修制度、安全操作规程等。

（2）劳动保护的管理与宣传。企业劳动保护工作由安全技术部门负责组织、实施。

（3）安全技术。为了消除生产中引起伤亡事故的潜在因素，保证工人在生产中的安全，在技术上采取各种措施，防止和消除突发事故对职工安全的威胁问题。

（4）工业卫生。为了改善劳动条件，避免有毒有害物质危害职工健康，防止职业中毒和职业病，在生产中所采取的技术组织措施都属于工业卫生范畴。它主要解决威胁职工健康的问题，实现文明生产。

（5）工作时间的限制和休息时间、休假制度的规定。

（6）女职工与未成年工的特殊保护。不包括劳动权利和劳动报酬等方面内容。

（二）劳动保护的目的

劳动保护的目的是为劳动者创造安全、卫生、舒适的劳动工作条件，消除和预防劳动生产过程中可能发生的伤亡、职业病和急性职业中毒，保障劳动者以健康的劳动力参加社会生产，促进劳动生产率的提高，保证社会主义现代化建设顺利进行。

工作作业保护

二、职业安全卫生

职业安全卫生（也称"劳动安全卫生"），通常是指影响作业场所内员工、临时工、合同工、外来人员和其他人员安全与健康的条件和因素。它是指防止劳动者在职业岗位上发生职业性伤害和健康危害，保护劳动者在劳动过程中的安全与健康，除特种行业（如矿山、核工业等安全卫生）、特种设备（如锅炉、压力容器安全）、特种职业（如军人、公安人员的安全）等以外的各种职业的安全卫生。职业安全包括工作过程中防止机械伤害、触电、中毒、车祸、坠落、塌陷、爆炸、火灾等危及人身安全的事故发生；职业卫生则是指在工作过程中对人身体健康造成危害或引起职业相关病症发生的有毒有害物质的防范。

名 人 名 言

劳动创造世界。

—— 马克思

（一）职业安全卫生教育的基本内容

主要包括思想教育、职业安全卫生技术知识教育和典型事故教育。

（1）思想教育包括思想认识教育和劳动纪律教育。思想认识教育主要是通过职业安全卫生政策、法规方面的教育，提高各级领导和广大职工的政策水平，正确理解职业安全卫生方针，严肃认真地执行职业安全卫生法规，做到不违章指挥，不违章作业；劳动纪律教育主要是使管理人员和职工懂得严格遵守劳动纪律对实现安全生产的重要性，提高遵守劳动纪律的自觉性，保障安全生产。

（2）职业安全卫生技术知识教育包括生产技术知识、基本职业安全卫生技术知识和专业职业安全卫生技术知识教育。生产技术知识是指企业的基本生产概况、生产技术过程、作业方法或工艺流程、产品的结构性能，所使用的各种机具设备的性能和知识，以及装配、包装、运输、检验等知识。基本职业安全卫生技术知识是指企业内特别危险的设备和区域及其安全防护的基本知识和注意事项；有关电器设备的基本安全知识；有毒、有害的作业防护；一般消防规则；个人防护用品的正确使用，以及伤亡事故的报告办法等。专业职业安全卫生技术知识是指某一特殊工种的职工必须具备的专业职业安全卫生技术知识，包括锅炉、压力容器、电气、焊接、起重机械、防爆、防尘、防毒、瓦斯检验、机动车辆驾驶等专业的安全技术及工业卫生技术知识。

（3）典型事故教育。它是结合本企业或外企业的事故教训进行教育，通过典型事故教育可以使各级领导和职工看到违章行为、违章指挥给人民生命和国家财产造成的损失，提高安全意识，从事故中吸取教训，防止类似事故发生。

（二）职业安全卫生的目的

职业安全卫生的目的是保障劳动者以健康的劳动力参加社会生产，促进劳动生产率的提高，保证社会主义现代化建设顺利进行；职业安全卫生针对的对象是人的防护，而不是环境的保护。

案例分析

实习生就该被剥削吗？

小琴是电子商务专业的学生，学校安排她和同学到一家电商公司做客服。按照最初的约定，她和同学实行三班倒的模式，每个人每天工作8个小时。可是，真正开始工作，小琴却发现总有忙不完的活。而且主管要求同学们要每天都加班，工作的时间比正式的员工要长很多。有些时候是要求提前2个小时上班，有些时候是要求推后两三个小时下班。工作没有完成好，经常被主管批评，客户有不满意的，主管就要求多加班1个小时。这样一来，小琴和同学们每天工作的时间都超过了10个小时。再加上客服的工作不分周末或工作日，一个月下来，小琴才休息了两天半，特别是节假日，更是没有休息的时间。主管还经常跟他们说，现在找工作很难，要珍惜，公司对他们已经很好了。作为实习生，小琴和同学们都不敢多说。

但是，后来他们发现报酬也跟之前约定的不一样。按照之前的约定，加班也有加班费。但是，领了两个月的工资之后，他们发现加班费只给了一小部分，并没有按之前约定的数额发放加班费。而他们每个月的津贴也很少，公司说要扣税、要扣管理费、要扣住宿费，等等，也没有约定的那么多。据说还有一部分是由公司直接转给学校，主管说学校还要收实习管理费。

小琴纳闷了，实习生就该被剥削吗？

思考：

1. 小琴的学校以实习管理费的方式扣除了学生的实习报酬，这是否合理呢？

2. 在工作中，如何看待加班？

3. 小琴和同学们应该怎么处理这件事呢？

分析： 根据《职业学校学生实习管理规定》，实习生应该与实习单位、学校签订三方协议。该规定中的第十七条、第十八条明确规定了实习的时间、报酬。

小琴和同学可以通过网络查看《职业学校学生实习管理规定》，了解该规定的内容，并对照自己的实习，看自己的实习工作存在哪些违反该规定的内容。同时，可以向学校负责实习管理工作的老师提出想法，通过学校去沟通协商实习问题。如果问题依然得不到处理，可以通过法律的形式，维护自己的权利。

拓展训练

"职业安全我来说" 主题活动

1. 活动主题： 职业安全我来说。

2. 活动时间： 班会课或者自习课。

3. 活动实施：

（1）课前每一位同学结合自身所学专业，通过访谈、调查、体验等方式，了解与本专业相关的岗位安全要求，并做好记录。

（2）将了解到的安全知识，制作成PPT、短视频或者手抄报等形式，在班级进行分享、展示。

（3）班级师生共同评选出最佳作业并进行表彰。

4.2 实习实训基地劳动实践

案例导入

咖啡飘香校园

乐咖啡产教融合实训实践基地由珠海市第一中等职业学校（以下简称"珠海一职"）旅游部与珠海蝶恋花咖啡厅合作共建，2019年4月份正式对校内师生开放营业。根据双方签署的合作协议，目前咖啡厅运营良好，已成为该校对外接待的一张名片。

☆ 运营

　　由珠海蝶恋花咖啡厅派专业运营团队到校进行指导，聘请珠海一职毕业生高俊担任代理店长，手把手教授该同学咖啡厅运营、饮品制作、甜点制作等。同时，该店招募2名航空服务专业、高星级饭店运营与管理专业在校生为咖啡厅实习生，承担咖啡制作、服务接待工作。乐咖啡项目的实施开启了学校在校内的第一个实体运营门店，既为学生提供了"理实一体化"的实践基地，也实现了迅速将学生作品转为劳动产品，为校内师生提供便利餐饮的多赢目的。该项目将企业引进学校，将专业付诸实践，真正实现了职业教育学中做、做中学的理念。

☆ 培训

　　乐咖啡项目启动以来，企业为学校咖啡社团提供了两次专业的咖啡技能培训，并邀请雀巢公司的人员到乐咖啡工作室进行授课。同时，校内师生也定期为珠海度假村酒店餐饮水吧提供咖啡培训。

☆ 开展

　　依托乐咖啡实习实训基地，咖啡社团应运而生，同学们有了真正的能营业的咖啡厅进行实操和服务。咖啡社团除了每天的咖啡制作练习之外，还可以进行咖啡厅的服务接待实习实践。

☆ 展示

　　乐咖啡工作室自成立以来，以咖啡社团学生为主力先后参加了校园技能节、毕业生设计展、2019年国家职教周技能进社区便民服务等多项活动，为现场观众和社区居民提供了视觉、嗅觉、味觉享受，展现了旅游部学生的专业技能及服务意识，得到了校内外嘉宾、师生的一致好评。

思考：

1. 乐咖啡工作室能为同学们提供哪些实践的岗位？

2. 在校内建立实习实践基地有哪些优势？

3. 如果你是代理店长，如何让乐咖啡工作室更有特色？

知识储备

一、工学交替

工学交替是一种将学习和工作相结合的教育模式，它以就业为导向，形式多种多样。工学交替是在校企双方联合办学的过程中逐渐形成的一种职业学校新培养模式。

名人名言

在劳力上劳心，是一切发明之母。事事在劳力上劳心，便可得事物之真理。

——陶行知

7S 管理

二、现场管理

现场管理是管理人员对生产现场人（如工人）、机（设备、工具等）、料（原材料）、法（加工、检测方法）、环（环境）等生产要素进行有效管理，并对其所处状态进行不断改善的基础活动。5S 是指整理（Seiri）、整顿（Seiton）、清扫（Seiso）、清洁（Seiketsu）、素养（Shitsuke），5S 管理是要营造一目了然的现场环境，使企业中每个场所的环境、每位员工的行为都能符合5S 管理的精神，最终提高现场管理水平、提升现场安全水平和产品质量。后来，在 5S 管理的基础上又扩充了"安全（Safety）"和"速度/节约（Speed/Saving）"两个"S"（英文单词的首字母），演变为"7S 管理"。7 个"S"的含义见表 4-1。

表 4-1 7 个"S"的含义

7S	宣传标语	具体内容
整理（Seiri）	要与不要，一留一弃	◆区分需要的和不需要的物品，果断清除不需要的物品
整顿（Seiton）	明确标识，方便使用	◆将需要的物品按量放置在指定的位置，以便任何人在任何时候都能立即取来使用

续表

7S	宣传标语	具体内容
清扫（Seiso）	清扫垃圾，美化环境	◆清除车间地板、墙、设备、物品、零部件等上面的灰尘、异物，以创造整洁的环境
清洁（Seiketsu）	洁净环境，贯彻到底	◆改变现场"脏、乱、差"的状况
素养（Shitsuke）	持之以恒，养成习惯	◆遵守企业制定的规章纪律、作业方法、文明礼仪，具有团队合作意识等，使之成为素养，员工能做出自发的、习惯性的改善行为
安全（Safety）	清除隐患，排除险情，预防事故	◆保障员工的人身安全，保证生产连续安全正常进行，同时减少因安全事故带来的经济损失
节约（Saving）	对时间、空间、能源等方面合理利用	◆消除现场的浪费现象，科学地组织生产，从而创造一个高效率的、物尽其用的工作场所

　　7S管理各活动之间是紧密联系的，整理是整顿的基础，整顿是对整理成果的巩固，清扫是显现整理、整顿的效果，而通过清洁和素养，则可以使生产现场形成良好的氛围。

案例分析

校企共建"旅行概念店"

　　2014年，珠海市第一中等职业学校（以下简称"珠海一职"）与广东省拱北口岸中国旅行社开展校企合作，共建"旅行概念店"，以"课堂小企业、企业大课堂"

的合作理念，共同培养旅游专业人才。"旅行概念店"共划分为四个功能区域，即咨询区、体验区、指导区和展示区，分别对应不同的工作场景，是一个集教学、经营、培训、研发"四位一体"功能的"校中企"实训基地，实现了"教学真正对接一线岗位现场"。

专业部特别组织成立了学校首个校企合作专业社团"旅行概念店企划社"，每周二、周四下午均有企业专家到旅行概念店给予同学们现场专业指导。学生根据学校的德育主题月自主策划并组织开展大型活动，"中秋同乐会""少年一职冲""旅游线路微信推文比赛""六一亲子游园活动"四个大型活动经过不断完善，真正成为旅游部乃至全校的特色、亮点工作。

珠海一职通过校企共建旅行概念店实训基地，取得了以下建设成果：一是人才培养质量切实提高，珠海一职2015届毕业生黄思远成长为广东省旅游推广大使、广东省金牌导游；2016届毕业生曲悠扬成长为广东省旅游推广大使、广东省明星导游。二是师资队伍质量得到提升，旅游专业多名教师先后荣获2017年度广东省青年教师教学能力大赛一等奖，珠海市青年教师教学能力大赛二等奖等奖项。三是教学内容及教学模式得以全面改革。四是对大湾区中职旅游专业产教融合等产生了积极的示范作用。

思考：

1. "旅行概念店"有什么特点？

2. 你所在的学校可以开设什么类型的校企合作专业社团？

3. 如果你参加校企合作专业社团，希望学到什么？

分析： 在校企实习实训基地里，学生亲自动手实施和团结协作完成主题活动，成功彰显了社团学生们名副其实的"企划实力"，学生自主学习，动手、动口、动眼、动脑，又动心，真正学以致用，发挥出旅游综合服务技能，成为校园课业学习—社团学习—文化学习的综合实践亮点。通过校企实习实训，学生增强了专业认同，有更强的获得感、成就感。

"向劳动者致敬"主题活动

党的二十大报告指出，坚持尊重劳动、尊重知识、尊重人才、尊重创造，实施更加积极、更加开放、更加有效的人才政策。让我们一起开展向劳动者致敬的主题活动。

1. 活动主题：向劳动者致敬。

2. 活动时间：一周。

3. 活动实施：

（1）将学生分成小组，准备好纸、笔等。

（2）观察各行各业的劳动者，记录他们一天的主要工作。

（3）用拍摄照片、短视频、海报等形式展示劳动者的工作情况，歌颂和弘扬劳动光荣、劳动伟大、劳动美丽。

（4）小组间讨论、交流，师生共同评选优秀作品并进行展示。

4.3　角色转换和职场适应

案例导入

小丽的转变

小丽从小是个让父母骄傲的独生女，不仅人长得漂亮，而且成绩优异。她性格直爽、开朗活泼，在学校也一直深受老师与同学们的喜爱。在经历了2年多的学习之后，小丽面临就业，她平时的直爽性格却成了缺点。在一次工作中，她忍不住给主管提了点意见后，就明显感到自己得罪了那个老同事们都叫"恐龙"的女主管。现在，她每天都要面对脸上"乌云密布"的主管，她发现在主管眼中，她没有对的地方。小丽心中虽然知道大势不妙，因为在试用期出错，就等于宣布了职位的"死刑"，可是又不知道如何才能挽回，好想走掉算了，可又舍不得这家公司。

　　小丽首先尝试与自己的师傅们沟通，虚心讨教。在同事的指点下，小丽主动找主管承认错误，希望她能原谅自己，给自己机会。与主管沟通后，主管的脸色虽然还没有"多云转晴"，可是小丽已经从试用期"死刑"改为延长试用期了。小丽在以后的工作中发现这个女主管其实是个热心肠的人。当初要是真的走掉了，双方将永远失去相互了解和理解的机会。

　　小丽在熟悉工作的过程中，学会转换自己的角度，用换位思考的方法来对待身边的人和事。学生与职场人的角色不一样，要做的事情、思考问题的角度也肯定不一样。她时刻提醒自己，现在是在公司，不是在学校，自己要思考的是怎样才能为公司做贡献；如果自己是主管领导，会想要下属怎么做；做事情三思而后行，不懂就问。任何事都不是一蹴而就的，小丽相信，通过自己的努力，踏踏实实做出成绩，一定会让大家对自己刮目相看。

思考：

1. 你觉得与同学相处跟与同事相处有什么不同？
2. 如果你在实习中遇到"恐龙"负责人，你会怎么做？
3. 你觉得应该怎么调整心态，以更好地适应职场工作？

知识储备

角色转换和职场适应

一、从学生到职业人的角色转换

　　人的一生有许多次角色的转换，例如，婴儿—幼儿园小朋友，学生—员工。从学生角色到职业人角色的转换是我们每个人都必须经历的过程，也是我们人生中最重要的一次角色转换。

　　职业人是指参与社会分工，自身具备较强的专业知识、技能和素质等，并通过为社会创造物质财富和精神财富而获得合理报酬，在满足自我精神需求和物质需求的同时，实现自我价值最大化的一类群体。

　　学生角色主要是接受任务、储备知识、培养能力，经济无法完全独立，有家长和学校的庇护，社会经验缺乏，人际交往较为简单。而职业人角色则工作目的性明确，家庭经济压力大，环境变化大，工作负荷量大，具有更强的社会责任感，需要承担各类风险，生活独立，与同事心灵沟通较少，生活较为单一，人际关系更复杂。

二、职业思维转换

导向决定方向，方向比努力更重要。有意识地树立职业思维，是入职准备的重要一环。

名人名言

　　忍耐二字，真无穷受用哉！试观古来圣贤豪杰、大学问、大事业、何一不从忍耐中出？今人一不称意，便发躁舍去，焉有成熟之时乎？我辈为学，当切戒之。

——刘光第

（一）树立客户意识

　　客户意识是一个人或一个团队、一家企业对待客户的态度和思想状态，可具体分为以下几方面：关注客户需求的意识，理解行业／客户／需求原因，站在客户的角度考虑客户的价值追求；及时响应客户的意识，把客户放在心里重要的位置；持续服务客户的意识，站在客户的角度考虑客户的价值追求，全流程服务；团队协作服务客户的意识，明确协作的共同目标，视彼此为帮助自己实现目标的资源。

（二）树立标准意识

　　我们常讲，工作要有标准。标准是衡量事物及行为的准则和遵循。任何一项事业、一项工作、一种行为都有对应的标准或规则。按标准办事，才能把好事办好，把实事办实，事业才能少走弯路，工作才能有所进步；相反，如果不按标准办事，可能会产生一时的效益，但长远来说失败的局面不可避免。

（三）树立流程意识

流程意识核心体现在三个方面：①这件事情的整个过程是什么，其中要精确到人、事、物；②可以最大限度为这件事情做什么；③在这件事情当中领导需要做什么，在领导需要做的事情中，应该提前为他准备什么。厘清了这三个问题的思路，相信做事情的时候，都会有一个清晰完整的反应，也可以节省不少时间和精力。

（四）树立安全意识

职场上突发情况时有发生，尤其是一些高风险行业，风险的突发性和不可预测性更强。一个岗位出现问题，殃及的可能是整体。在职场上，需要时刻保持警醒的头脑，防患于未然。

（五）树立问题意识

树立问题意识，坚持问题导向。要勤于发现问题，乐于分析问题，善于解决问题。

（六）树立创新意识

创新是一个民族进步的灵魂，是一个企业兴旺发达的不竭动力。在激烈的市场竞争中，唯创新者进，唯创新者强，唯创新者胜。生活从不眷顾因循守旧、满足现状者，从不等待不思进取、坐享其成者，而是将更多的机遇留给善于和勇于创新的人。

三、职场环境的适应

中职毕业生要尽快适应环境，主要是要做好心理适应、生理适应、岗位适应、知识技能适应和人际关系适应。

（一）心理适应

进入职场后，一些毕业生会存在以下五种心理：对学生角色的依恋心理、观望等待的依赖心理、消极退缩的自卑心理、苦闷压抑的孤独心理，以及见异思迁的浮躁心理。因此，作为职场新人，我们首先要学会心理适应，学会适应艰苦、紧张而又有节奏的基层生活。毕业生由于缺少基层生活经历，可能不习惯一些制度、做法，这时千万不要试图用自己的习惯去改变环境，而要学会入乡随俗，适应新的环境。我们要尽快培养自己的整体协作意识、独立工作意识和创造意识。

（二）生理适应

高素质的职业人不仅要具有健康的心理，还要具有健康的生理素质、科学文化素质，以及良好的思想品德。既然我们已经步入了职场，原来的许多生活习惯就需要适时改变，并且要及时调整生活规律，加强自我管理，遵守职场的规则，从而快速地适应职场生活。

（三）岗位适应

不同岗位所需的基本能力是不同的。职业院校学生刚毕业时，主要是进入技能型岗位，需要拥有岗位专业能力、学习能力、团队协作能力、自我管理能力、创新能力和沟通能力。我们在踏上工作岗位后，要学会根据现实环境调整自己的期望值和目标，为自己做一份职业规划，明确自己的职业目标是什么，在职场中自己该扮演什么角色，该怎样去强化自己的职业能力，并且持续投入钻研，自然就能得到较好的发展。

（四）知识技能适应

尽管我们已经学习了很多理论知识，但是在实践中，我们仍会遇到各种各样的难题。因此，我们要虚心学习，主动工作，克服慵懒的习气，展现主动热情的个性。从细微处入手，从点滴事情做起。我们要主动投入再学习中，多学习能让我们尽快适应工作的知识技能。为适应社会发展和实现个体发展的需要，我们需要培养主动问询、不断探索、不断自我更新、学以致用和优化知识的良好习惯，不耻下问，使自己职业岗位的技能更加完善。

（五）人际关系适应

在学校，我们主要面对的是老师和同学，但是进入职场，则要面对领导和同事。刚从学校毕业的我们待人一定要热情、谦虚、朴实、积极，无论对领导还是同事，都要彬彬有礼；同时努力工作，适当表现自己，尽可能地得到领导和同事的认可，赢得职场好人缘。

"适者生存，能者成功。""今天工作不努力，明天努力找工作。"年轻人拥有青春与激情，任何困难都无须惧怕，既然选择了远方，就只能风雨兼程，义无反顾，学会在苦差事中潜水，学会接受生活的重创，学会换位思考，学会适应环境。适应，将使人生获得机遇；努力，将使职业生涯有所作为！

案例分析

小卢的困惑

小卢是一名家居设计专业的学生，爸爸妈妈也是做设计的，从小他就对设计很感兴趣，有时候还牛刀小试，帮爸爸妈妈设计一下小产品。他对自己的专业能力很有信心，认为自己有这方面的天赋，也一定能做得很好。

三年级的时候，学校安排他到一家家具设计公司实习。上班的第一周，他就帮忙对一款中式家具的设计进行了产品介绍，得到了团队的好评。有了这个好的开始，再加上他有一定的基础，他便沾沾自喜。团队组织学习，他也不太认真，培训的时候不仅没有认真做笔记，还刷手机，跟旁边的同事说这也太简单了。培训后布置的作业，他也觉得太简单了，就随便应付交了作业。团队设计一套酒店产品，他认为给他安排的工作太琐碎了，这样的工作既耗时间，又没能够发挥他的才华，因此他对待工作也很马虎，不仅推迟交设计稿，质量也很一般，受到了经理的批评。这下他心情更是不好，对待工作更是消极，经常跟同学抱怨这个公司不懂得发现人才、培养人才。一个月后小组进行实习总结，他除了参与第一周的产品介绍，好像说不出其他的工作。他认为是公司没有给他机会，总是让他干一些打杂的小事情，是同事嫉妒他的才能。经理找他谈话，指出他工作态度不端正，业务水平有待进一步提升。

小卢不明白，第一周被表扬，一个月后自己为什么会被批评呢？

思考：

1. 小卢对待实习的态度是否正确？

2. 到了实习岗位，应该如何更好地融入团队中？

3. 对你小卢有什么建议呢？

　　分析：小卢的父母都是设计人员，他从小就有一定的专业环境，也有较强的专业兴趣，这有助于他的专业发展。他的专业也学得不错，因此实习的第一周，能够得到经理的认可。如果他能够端正态度，虚心向同事请教，他的专业能力应该可以得到更好的发展。但是，由于他的骄傲自满，自认为自己的专业技能已经非常了得，因此认为公司安排的小事都是打杂，没有意义，这让他很难以恰当的心态融入团队中，不利于他的个人成长和职业发展。

拓展训练

"展望专业前景"主题活动

1. **活动主题：**展望专业前景。

2. **活动时间：**自习课或者班会课。

3. **活动实施：**

　　请思考：你所学专业的发展前景如何？你对未来的工作有什么期待？现在你能做哪些准备？将你的想法填入下表中。

你所学的专业	
所学专业的发展前景	
你未来的工作设想	
你的学习计划	

知识链接

快速适应职场的小技巧

　　刚进入职场的学生，很可能找不到工作和生活的平衡点，很可能无法调整自己职场新人的心态，很可能无法适应自己的职场角色，那应该怎么做才能够快速适应职场呢？

一、问：不懂就问

在遇到不懂的问题或者一些细节问题自己不太清楚时，不要害怕开口，要主动寻求帮助。可以向有经验的同事请教，可以向师兄师姐请教，还可以向老师请教。对于不清楚的工作，更要多问，通过详细的沟通，明确工作内容和工作要求。

二、看：观察学习

在工作中，要学会观察，看同事是怎么说、怎么做的，通过观察学习提升自己的能力，减少工作中可能出现的错误。还可以通过网络学习业务知识、与人沟通的技巧等。

三、勤：撸起袖子

对待工作要充满热情，工作中肯定有一些琐碎的小事，不要认为这些小事不重要，职场新人要有积极的工作态度，凡事要从小事做起。不要吝啬帮助别人，这可能会给你职场上的帮助，或者收获一段友情。

四、说：文明用语

要谨言慎行，要注意礼貌用语，主动与同事打招呼，与人沟通时多用"请""谢谢""麻烦您了"……

社会服务劳动实践

模块 5

人是社会中最基本的要素。不同的社会环境使人扮演的角色不同。社区是社会有机体最基本的内容，是宏观社会的缩影。社区蕴藏着巨大的资源优势，具有经济性、社会化、心理支持与影响、社会控制和社会参与等多种功能。青少年学生作为社会的一员，需要完成从家庭化向社会化的转变，也要开始独自面对复杂的社会并承担起对自己和家庭、社会的责任。参与社会实践活动能使青少年学生融入社会、感受生活，通过参与、体验与感悟，增强对社会的认识和理解，发展批判思维，增强社会责任感。参与社会实践是提高青少年学生实践能力和综合素质的关键途径。

认知目标

1. 了解勤工助学的概念和意义，理解社区劳动的内涵以及创新和创造的含义。
2. 熟悉勤工助学的岗位要求，把握创业的常见模式。

情感态度观念目标

1. 树立吃苦耐劳、自立自强的意识。
2. 培养勇于承担社会责任、参与志愿服务的精神。
3. 培养敢于创新、勇于奋斗的意志品质。

运用目标

1. 积极参加学校勤工助学活动。
2. 积极参与社区志愿服务活动。
3. 利用寒暑假，参与各类兼职活动，在劳动实践中感受劳动之美、劳动之乐。

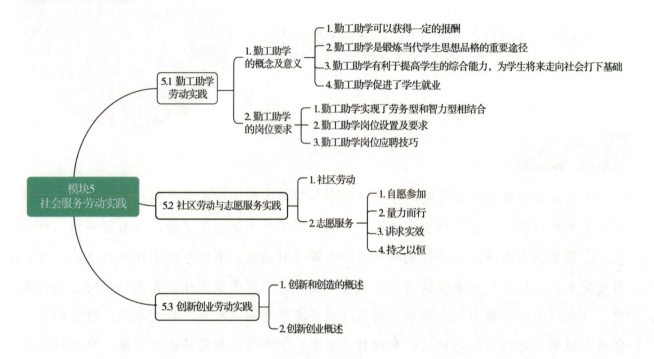

5.1　勤工助学劳动实践

勤工助学圆青春梦想

　　小邱原本是某校的中职毕业生，凭借参加过广东省电子装配学生技能竞赛的优越条件，通过自学考试成功被一所高职院校应用电子技术专业录取。高额的学费和生活费，给她带来了巨大的困扰，但是却没有浇灭她通往高等学府象牙塔的高职梦。

　　来到学校报道后，她通过班主任寻求勤工俭学的渠道，"应聘"了一份"差事"，那就是利用周一到周五的空余时间在学校总务科帮忙整理相关档案资料，并将档案信息录入电脑存档，以获得一定的报酬。由于在校的

时间是一年半，课程上有所压缩，一方面，面对繁重的学业，她认真学习每一门专业课程；另一方面，她通过学习电脑的 Office 软件来提高自己的办公软件操作能力。小邱说："通过在学校勤工俭学，不仅可以进一步学习 Office 的操作，提高自己对软件的应用能力，而且还可以锻炼自己对工作的细心和耐心，最主要的是通过自己的双手劳动解决了一部分生活费用问题，哪怕是微薄的收入，我都觉得很自豪。"

在与一家便利店的老板协商之后，她决定利用每个周末两天时间在便利店兼职打工。周末两天的兼职时间是小邱收入来源的关键。"虽然目前的兼职工作与专业的关系不是很大，但是通过兼职劳动可以进一步了解社会，提升适应社会的能力，同时也可以锻炼自己的人际沟通能力、工作服务态度和为人处世的能力。"

经过一年的努力，小邱学习成绩名列前茅，她通过自己的努力获得了国家助学金和国家励志奖学金。在高职高专工科类专场招聘会上，她成功应聘上了大型企业的电子技术专业方面的岗位。

思考：

1. 案例中的小邱是如何实现自己的梦想的？
2. 她的成功求职之路给我们什么启发？

知识储备

一、勤工助学的概念及意义

勤工助学（或勤工俭学），指学生在学校的组织下利用课余时间，通过劳动取得合法报酬，用于改善学习和生活条件的实践活动，是学校资助学生工作的重要组成部分，也是提高学生综合素质和资助家庭经济困难学生的有效途径。

（一）勤工助学可以获得一定的报酬

这是勤工助学最直接的现实意义，也是对贫困学生最为有效的经济支持。虽然勤

工助学的收入不是很高，但是一方面能够最大程度地保证学生的学业，另一方面也避免了在校外上当受骗的可能，对学生的工作性质、安全都有一定的保障，是许多贫困学生的首选。

名人名言

自强为天下健，志刚为大君之道。

—— 康有为

（二）勤工助学是锻炼当代学生思想品格的重要途径

当下不少学生害怕吃苦，缺乏服务精神和团队意识，责任意识不强，且对父母有依赖思想。因此，参加勤工助学工作能够让学生感受到生活的艰辛，体会到自立自强的真正内涵，帮助学生树立自信心，培养服务精神和责任意识，在团队中学会面对激烈的竞争，提高心理承受能力，培养危机意识。与此同时，勤工助学能够培养学生的自我约束能力、劳动意识和职业道德。

（三）勤工助学有利于提高学生的综合能力，为学生将来走向社会打下基础

目前，"就业难"已经成为全社会关注的话题。现在多数学生缺乏动手能力，普遍认为在校期间只要把该学的功课学好就够了，至于工作实践是毕业之后的事情。但是从近几年的就业现状来看，用人单位普遍青睐有工作经验的毕业生。这不是因为在他们的简历中多了一行工作经历，而是因为他们在长期的工作中积累了丰富的经验。通过勤工助学，学生可提前接触社会，了解社会规则，调整自己的预期，改进自身不足，契合社会需求，团队意识、自律能力、心理素质明显提升，社会适应能力显著提高。另外，通过勤工助学，学生的学习能力和专业素质也得到了提升，可以把学到的专业知识很好地运用到实践中去，边学习边实践。勤工助学不仅可以让学生的专业知识更扎实与稳健，同时还可以从专业出发去拓展专业相应的特长，提高个人能力。

（四）勤工助学促进了学生就业

勤工助学能够提升学生的管理组织能力和待人处事能力，使学生的职业素质和职业能力全方位提升，帮助学生储备优质就业和自主创业所需要的身心素质和技能。

对当前的学生而言，勤工助学是他们从学校向职场过渡的一个重要的中间环节，不仅能够帮助贫困学生完成学业，对提升学生的工作能力、思想品德等方面更有着积极的意义。学生在校期间应积极参与学校勤工助学的各类活动，为将来走出校园、进入职场打下坚实的基础。

二、勤工助学的岗位要求

（一）勤工助学实现了劳务型和智力型相结合

现在，很多学校正在力促勤工助学劳务型和智力型相结合，实现内容的多层次化。这主要是结合学生的年级和专业特点，充分发挥学生的知识和技能，开拓智力型勤工助学岗位，勤工助学岗位逐渐向服务型方向发展，对于不同阶段、不同需求的学生进行协调安排。因为相对智力型的工作而言，基层的服务型工作不仅一样可以培养学生待人接物的能力，使他们学会人际沟通，还有助于学生更好地了解社会、适应社会，排除很多学生中存在的眼高手低的问题，且这类工作一般要求较低，有较大需求量，适合中职学生。

（二）勤工助学岗位设置及要求

校内岗位包括学校各类机构的办公室助理、技术助理、图书馆工作人员、校内会议临时工作人员以及一些学生机构的岗位。校外岗位主要包括展会翻译、员工培训、商场导购等。家教岗位，提供家教兼职机会，包括学生家教、成人家教等。

目前，勤工助学模式由传统型向创业型转变，是学校资助工作的内在要求和必然趋势。创业型勤工助学模式是指学校提供资金、场地支持，专业教师提供指导，通过校企合作，创建以学生为主体，由学生自主经营管理的勤工助学实体。学生既能通过创造性的劳动获取一定的报酬，同时还能参加专业实习和创业实践活动，提升专业技能和综合实践能力。创业型勤工助学能让学生潜移默化地接受创新创业教育，形成"学生主导、教师指导、学生参与"的勤工助学与创业实践相结合的运行模式，推动资助形式的多样化发展，形成"资助—自助—助人"的良性循环，实现学校勤工助学的育人功能。

（三）勤工助学岗位应聘技巧

对于勤工助学岗位应聘学生应该做好充分准备，根据岗位说明书准备佐证材料。递交书面申请后，及时询问确认面试时间。面试中涉及的常见问题如下：在校期间的学习情况，如专业排名、获得的奖学金、学习紧张程度、空余时间、兼职经历等。学生要根据这些基本问题做好充分的准备，对招聘人员的问题尽量回答，对于自己应聘的岗位谈出认知。其次，在着装和文明礼貌方面还要精心准备，增加印象分。在语言表达方面，不要使用口头禅，在自我介绍时要突出自己的特点。

案例分析

俭学成才　成就自我

晓阳是一名中职学生，因为家境不宽裕，父母务农，兄弟姐妹多，没有固定经济来源，晓阳经常会因为承担不起学费、生活费而倍感困苦，他主动找到学校相关部门，参与了学校组织的各种勤工俭学活动，在此过程中收获成长。

在班主任的介绍下，晓阳来到学生处当助理。晓阳刚上岗的时候，每天认真完成老师交代的任务，碰到不清楚的问题及时询问，办公室老师都会给予细心教导。在老师的亲切指导下，他渐渐了解到总务处、学生处、档案馆等部门，清楚了他们所在的位置，也有了与之交流的机会，增强了他融入校园生活的能力。

追逐梦想

在学生处值班时，经常有来自不同年级的同学过来咨询问题，晓阳耐心解答，热心处理，在这过程中，晓阳的交往礼仪、工作态度、办事原则、言行举止等方面得到了锻炼，提高了他的人际交往能力。起初晓阳写作能力差，一篇稿件要重复改好几遍，学生处老师看出他的困难之后，带他旁听会议，学习公文写作格式，经过一个学期的学习，晓阳有了很大进步。同时他还提早了解到毕业之后升学就业的渠道和方向，对自己的未来有了更进一步的规划。

十年树木，百年树人。勤工情，青春梦。作为各种助学政策的受益者，晓阳深知这一切来之不易。这些助学政策给学生带来的不仅仅是经济上的帮助，它更让学生看到了国家对莘莘学子的关心，对青年学生的自立自强，成长成才的关心和爱护。他表示会怀着一颗感恩的心，自强不息，不辜负父母、老师、国家对自己的期望，为社会做出自己的贡献。

思考：

1.结合案例，谈谈晓阳在勤工助学过程中收获了哪些成长？

2.你或你身边的人是否参加过勤工助学活动？请和同学分享你或他（她）的经历和收获。

分析：晓阳家穷志坚，在校期间积极参加勤工助学，助力学习梦，他知恩感恩，一直都在努力做最好的自己，实现理想目标。他用实际行动为自己的人生角色转换翻开新的篇章。相信在国家助学政策的帮助下，越来越多像晓阳一样的同学将在实践中成就自我，实现华丽转身。

拓展训练

"勤工助学我来探"主题活动

勤工助学是中华民族的传统美德，对培养学生的服务意识、自立自强精神具有重要意义。其实，生活中的勤工助学的案例随处可见，以"勤工助学我来探"为活动主题，完成相关活动。

1.活动主题：勤工助学我来探。

2.活动时间：一周。

3. 活动实施：

（1）5人一组，以学校为背景，以探究学校勤工助学岗位的设置、要求、学生勤工助学感受为主要内容。

（2）每个小组通过采访学校教职工、勤工助学同学的形式进行探究，需上交一份5分钟左右的采访视频及采访方案。

（3）展示小组采访视频，每组选出小组代表，由小组代表汇报小组感受。

（4）由班级同学选出最佳汇报小组。

5.2　社区劳动与志愿服务实践

案例导入

中职社团爱心服务社会

肇庆市工业贸易学校家电协会是一个实用技术性、公益性和实践性相结合的学生社团组织。协会成员是由具有电子电工基础、热衷于志愿服务、有奉献精神的同学组成的，在校团委的指导下独立开展工作。从2006年开始，家电协会多次荣获省、市级的奖项和荣誉称号。

尽管家电协会取得了许多荣誉奖项，但是各个成员并没有骄傲自满，而是更加脚踏实地地学习技术，提升技能。家电协会现任指导老师邱坚文说："职业教育的目标离不开职业技能，但又不能仅限于此。一技在身，除满足自身的生存发展需要之外，还应该提升学生的家国情怀、社会关爱和人格修养。为此，在培养学生的过程中，学校应不断地寻求各种途径增加学生的社会实践机会，完成从自我实现到服务社会的升华。而我校的家电协会就是这么一个提升协会成员技术水平，增强成员劳动精神、劳模精神、工匠精神和社会服务意识的实践平台。"

在家电协会成立之初，在学校的支持下，家电协会首先在校园内定期开设校园服务长廊，义务为师生提供维修服务。通过开展这样的活动，成员充分利用自己的专业知识和技能，锻炼自己的动手能力，同时也为外出维修打下坚实的基础。

经过一年多的磨合与努力，家电协会获得了周末到城区街道和社区开展便民服务活动的机会。从此，家电协会每年都坚持去社区或乡镇开展义务维修活动，最高时达到一年 20 场。

现在，家电协会志愿服务活动已经进入了"常态化""规范化"阶段，形成了"工贸雷锋岗"品牌活动。

思考：

1. 案例中的家电协会开展志愿服务的意义是什么？

2. 中职学生应该如何参与志愿服务和社会实践？

知识储备

志愿服务

一、社区劳动

社区劳动作为青少年学生社会实践活动的重要组成部分和"志愿者"服务活动的重要形式，已经成为当前我国学校的一种常态。它为青少年学生了解社会、拓展素质、发挥文化知识优势提供了一个良好的平台，是培养和提高青少年社会责任感，促进青少年成长成才的重要途径。同时对社区日常管理建设、文化氛围的提升也有一定的促进作用。

青少年学生通常以志愿者或社工身份参与社区劳动，劳动的内容一般为打扫卫生、服务老人小孩、提供技术服务、科普宣传、文艺宣传、健康宣传、安全保障等。

名 人 名 言

人的生命是有限的，可是，为人民服务是无限的，我要把有限的生命，投入到无限的为人民服务之中去。

——雷锋

二、志愿服务

志愿服务，是志愿者组织、志愿者服务社会公众生产生活和促进社会发展进步的行为。或者说，志愿服务是指任何人志愿贡献个人的时间及精力，在不为任何物质报酬的情况下，为改善社会、促进社会进步而提供的服务。志愿服务的范围主要包括：扶贫开发、社区建设、环境保护、大型赛会、应急救助、海外服务等。志愿服务的功能有：社会动员、社会保障、社会整合、社会教化、促进社会和谐、促进社会进步。

开展青少年志愿者行动，一定要坚持自愿参加、量力而行、讲求实效、持之以恒的原则。

（一）自愿参加

主要是强调参加青少年志愿服务的自觉性。自愿参加是青少年志愿者行动的主要特征之一，也是开展青少年志愿服务活动的前提。对于参加者而言，青少年志愿者行动的魅力就在于它变"要我参加"为"我要参加"，充分尊重青少年的主体地位，注重调动青少年自身的积极性、主动性。

（二）量力而行

就是要根据自己人力、物力、财力条件允许的程度来开展工作。首先，志愿服务一定要从实际出发，把主观愿望和客观实际结合起来，把社会需求和服务能力结合起来，实事求是，量力而行，不搞一刀切。其次，要分清什么是现在能做到的，什么是下一步才能做到的，什么是将来才能做到的，还有什么是做不到的。要循序渐进，逐步发展，切不可操之过急，否则欲速则不达。

（三）讲求实效

首先是要办实事。青少年志愿者行动的出发点和立足点，就是要上为政府分忧，下为群众解难，为社会、为群众办实事。其次是要抓落实。青少年志愿服务只有落实到基层，落实到具体人、具体事，真正成为基层广大青少年的经常化行为，才有生命力和发展前途。最后是求实效。求实效的集中表现就是在实践中使社会和群众享受到志愿服务的成效。办实事、抓落实、求实效三者缺一不可。

（四）持之以恒

　　青少年志愿服务要做到经常化、长期化，以办事业的精神和方法来推进。开展志愿服务活动必须与建立多层次社会保障体系结合起来，必须着眼于建立有中国特色的青少年志愿服务体系，必须建立必要的机制以保障青少年志愿者行动经常化、长期化、规范化、制度化。要健全组织，稳定队伍，建立基金，制定规章，形成机制，坚持长久。要保持工作和人员的相对稳定性和连续性。

案例分析

履步不停　志愿同行

　　林俊是中职学校电商专业二年级的学生，在学校担任义工总队长一职。他非常注重个人能力的培养，学校的义工活动他从不缺席，积极地投身于志愿服务活动中，希望通过他的行动带动更多的人参与到志愿服务活动中。

　　让林俊同学印象最深的一次义工活动，是中区社区的换届选举志愿服务活动。那天的温度很低，一大早天还没亮，同学们就整整齐齐地在校门口集合了。当天的风都是刺骨的，同学们坐着大巴到达各自的投票点，大部分投票点只是一个小小的帐篷，完全不挡风，而他们当天的工作是负责为居民们写好选票，并且帮他们投进投票箱。

　　每来一位居民，都对他们的表现加以赞叹无比的感慨，即使手已经冻僵，志愿者们也会用心地写好每张选票。通过志愿者的努力，社区的换届选举志愿服务活动得以顺利地开展。

　　林俊同学经常说，感谢学校给他提供了这么好的平台让他得到锻炼，让他结识了更多的人，因为义工这个平台他的朋友开始变多，生活也变得更加丰富多彩。同时还学会了很多书本上学不到的知识，比如如何带领一支队伍，做事不要慌张，凡事要冷静处理。通过这个平台，他慢慢地变得更加乐于与他人沟通，乐于帮助他人，同时也深刻认识到每一个人在社会中都是不可或缺的一分子。

　　在参加了多次志愿服务活动后，林俊同学明白，志愿服务活动不单是为了服务他人，更是为了服务社会，为社会添加一分色彩，贡献出自己的一分力量。他希望更多的人能参与到志愿服务活动中来，一起构建和谐社会，共创美好顺德。

思考：

1.林俊同学的志愿服务经历给你什么启发？

2.作为一名新时代的中职学生，你知道可以通过哪些方式和平台参与志愿服务活动吗？我们应该如何在学校开展志愿服务活动？

分析： 林俊作为一名职中生，在校期间积极带领学生参与志愿服务活动，他用自己的实际行动诠释了"奉献、友爱、互助、进步"的志愿者精神，相信在他的带动和引领下，会有越来越多的青少年投身志愿服务热潮中，实现公益育人、工匠育能。

拓展训练

"学习雷锋，争做志愿者"主题活动

中职学生参加社会公益活动可以在帮助社会的同时了解社会，并锻炼自身的社会实践能力，提升自我价值。以"学习雷锋，争做志愿者"为主题，完成相关活动。

1.活动主题： 学习雷锋，争做志愿者。

2.活动时间： 一周。

3.活动实施：

（1）以学校志愿者活动为主，分小组制定"学习雷锋，争做志愿者"活动方案，并实施方案。

（2）每个小组将活动感受、活动过程，以图片、电子演示文稿（PPT）、小视频等形式展示出来。

（3）每组选出小组代表，由小组代表汇报小组成果。

（4）由同学们评选出最佳志愿活动。

5.3　创新创业劳动实践

劳动最幸福，创业急先锋

创新是民族之魂，是时代主题；创业是发展之基，是富民之本。毕业于河源市某职业中学的游智警的心中一直有一个"电子创业梦"。毕业后，由于学习成绩优秀，游智警不仅受到了河源市广播电视台的宣传采访，而且还被惠州海格科技有限公司破格录取，担任三星手机维修部的高级维修工。在企业工作期间，他一方面苦练本领，另一方面熟悉公司的生产线生产管理与业务管理模式基础。

在得知河源市创建创新创业孵化基地，鼓励青年和大学生创业时，他决定回到河源本地创业。

游智警向孵化基地递交了申请书，却碰了一鼻子灰，但这没有打消他创业的念头。在创业之初，他的加工厂无牌无证，经过一段时间的经营，面临破产，他意识到了业务衔接的重要性。在创业的低谷期，他寻求昔日竞赛指导老师的帮助，并动员自己曾经的同学协助他一起管理工厂；他到高新区各家电子企业走访，寻找客户、寻求订单，在这个过程中，尽管吃了许多闭门羹，都没有动摇他最初的梦想。

慢慢地，业务和客户逐渐增多，但他仍面临着厂房和未来发展的问题，他通过相关途径再次向孵化基地递交了创业申请书，注册了河源宇成电子有限公司。随着业务的增加，他没有满足于现状，而是努力克服手工加工行业的弊端和瓶颈。"现在公司的业务订单逐步走上正轨，下一步的工作计划是如何开发自己的产品，无论前方的道路多么曲折和困难，只要艰苦奋斗、勇于创新，在危机中育先机，于变局中开新局，就一定能够跟得上时代潮流，闯出一片新天地。"游智警踌躇满志地说。

思考：

1. 国家鼓励和支持年轻一代创新创业，作为职业学校的学生，我们可以从游智警身上学到什么？

2. 作为新时代年青一代的职业人，如何使自己成为有理想、守信念、懂技术、会创新、勇创业、敢担当的追梦人？

知识储备

一、创新和创造的概述

创业能力

创新是指以现有的思维模式提出有别于常规或常人思路的见解为导向，利用现有的知识和物质，在特定的环境中，本着理想化需要或为满足社会需求，而改进或创造新的

事物、方法、元素、路径、环境，并能获得一定有益效果的行为。

创造是指将两个或两个以上概念或事物按一定方式联系起来，主观地制造客观上能被人普遍接受的事物，以达到某种目的的行为。简单地说，创造就是把以前没有的事物生产出来或者创造出来。因此，创造的最大特点是有意识地对世界进行探索性劳动。

名人名言

我们不能人云亦云，这不是科学精神，科学精神最重要的就是创新。

——钱学森

二、创新创业概述

　　创新创业是指基于技术创新、产品创新、品牌创新、服务创新、商业模式创新、管理创新、组织创新、市场创新、渠道创新等方面的某一点或几点创新而进行的创业活动。创新是创新创业的特质，创业是创新创业的目标。创新强调的是开拓性与原创性，而创业强调的是通过实际行动获取利益的行为。因此，在"创新创业"这一概念中，创新是创业的基础和前提，创业是创新的体现和延伸。

　　做好劳动教育和创新创业教育统筹，可以从以下四个方面切入：

（一）正确认识和把握劳动教育与创新创业教育的辩证关系

　　推进劳动教育是教育改革发展的战略主题，创新创业教育与劳动教育在本质上是一致的。同时，创新创业教育以劳动教育为基础，是实施全民创新的有效策略，创新创业教育是劳动教育的更高层次。

（二）有必要将劳动教育引入创新创业教育中

　　劳动教育是创新创业教育的基础。如果学生没掌握基本动手技能，就不能熟悉工具的使用，不能自给自足地创造基本创新活动的环境，更不能充分发挥自身的主观能动性。也就是说缺乏动手技能培训的创新创业教育是不完整的。

（三）劳动教育应该充分利用课余时间

　　劳动教育是课内外一体化培养的另一种表现形式，充分利用学生的课余时间进行培训，实现课内外一体化培养，有利于创新创业教育的开展。

（四）充分发挥学生社团作用开展劳动教育

　　学生社团是学生的自发组织，在社团学习的内容可以作为课堂的补充。社团学生自发学习、彼此互助，不但可以避免学生沉迷网络，还可以开展实质性的劳动教育。

案例分析

劳动学习，推动创业

小张毕业于某职业中学。在校期间，他是班长，积极参与学校的各项活动，积极参加各项级别的计算机专业类竞赛，都取得了不错的成绩……他不断从各方面提高自己的综合素质和综合能力。怀着毕业后自主创业的梦想，他对学校的职业生涯课和职业指导课尤其感兴趣，在课堂中努力地汲取创业知识，并在社会实践活动和社团活动中培养创业能力。

毕业后，他从学徒开始做起，先在电子商城与他人合作创办电脑配件批发档口。创业初期，在和客户打交道的过程中，总会出现这样那样的不愉快，有时也会出现几天不开张的情形。但他始终坚持，认真总结经验，不断转变经营理念和营销策略。经过一年的细心打理，配件档口经营业绩逐渐提升。同时，他对计算机各种型号的专业配件也熟稔于心，工作能力和专业素质获得了大幅度提升。

之后，他在父母和亲朋的资助下经营一家电脑销售店铺。创业之初店面工作人员仅2人。公司有货但接不到订单，好不容易接到订单，又找不到货源。小张通过不断总结经验，公司业务逐渐走上正轨，业务量不断增加。他紧紧把握时代脉搏，在世界信息化、网络化的背景下，在IT零售领域做得风生水起，并开始代理多个国际知名品牌的电脑配件。

小张从中职毕业后就走向社会，通过不断的历练找准方向定位，在市场中摸爬滚打，经过多年的就业经验积累，终于拥有了一间属于自己的公司，成为中职学生成功创业的典范。

思考：

1.结合案例，谈谈小张为实现创业梦做出了哪些努力？

2.作为新时代中职生，你认为现阶段你可以为创业做哪些准备？

分析：小张作为一名中职学校的毕业生，用智慧和汗水营造了劳动光荣、知识崇高、技能宝贵、创造伟大的创业梦想，用自己的双手诠释了劳动是幸福的源泉，用自己的智慧诠释了创业是发展的动力，用自己的行动开启新征程，扬帆再起航。

拓展训练

"我劳动，我创新"主题活动

创造力造就人类智慧，是人类文明的动力源泉。发挥主观能动性，有意识地培养自身的创造力，对个人发展和国家建设具有重要作用。以"我劳动，我创新"为主题，完成相关活动。

1. 活动主题：我劳动，我创新。

2. 活动时间：一周。

3. 活动实施：

（1）各小组以一张 A4 纸为基础，对它进行创造。

（2）每个小组将创作成品、创作思路、创作过程以实物、图片、电子演示文稿（PPT）、小视频等形式展示出来。

（3）每组选出小组代表，由小组代表汇报小组成果。

（4）由同学们评选出最佳创作。

知识链接

中国志愿服务

志愿服务是现代社会文明进步的重要标志，是培育和践行社会主义核心价值观、加强社会主义精神文明建设的重要载体，是发展社会服务、创新社会治理、加强社会建设的重要力量。在志愿服务活动蓬勃开展、志愿服务理念深入人心的热潮中，我们要大力弘扬志愿服务精神，积极投身其中，以实际行动践行志愿服务精神，让志愿服务蔚然成风。

我国的志愿者是指不以获取报酬为目的，自愿以自己的时间和知识、技能、体能等，从事志愿服务的自然人。

志愿精神，其核心是服务、共同的理想和使这个世界变得更加美好的信念（联合国前秘书长安南语）。志愿精神的核心是个人对生命价值、社会、人类和人生观的一种积极态度。志愿精神对社会精神、道德、文化产生的积极影响不是

志愿者标志

物质报酬所能计量的，志愿精神推动着人与人之间建立互助、互爱、互信、互利的和谐社会关系，这种志愿精神本身不仅是难以估量的巨大的"社会资本"，更是人类共有的积极向上向善的内在力量，是社会创新的动力源泉。在我国当前的社会主义核心价值体系建设和社会良好的道德重建中，发挥着越来越重要的作用。于是，"奉献、友爱、互助、进步"就成为中国志愿精神的深情表达。

注册志愿者是指按照《中国注册志愿者管理办法》规定的程序，在共青团组织及其授权的志愿者组织注册登记、参加服务活动的志愿者。注册志愿者需登录中国青年志愿者网站（http://www.zgzyz.org.cn/）按要求进行注册。注册志愿者标志（通称"心手标"）的整体构图为心的造型，又是英文"Volunteer"的第一个字母"V"（红色），图案中央是手的造型，也是鸽子的造型（白色），寓意为中国志愿者向社会上所有需要帮助的人们奉献一片爱心，伸出友爱之手，表达"爱心献社会，真情暖人心"和"团结互助、共创和谐"的主题。每年3月5日是中国青年志愿者服务日，12月5日是国际志愿者日。

志愿者是文明的象征，他们来自社会的不同岗位，因为爱而汇聚在一起，树立起平淡却不平凡的人性丰碑，无私奉献，坚韧不拔，用脚踏实地的行事作风为新时代文明实践贡献力量。

日常生活劳动实践

模块6

模块导读

　　南宋诗人陆游诗云："纸上得来终觉浅，绝知此事要躬行。"意味着从书本上学来的东西终归是浅显的，只有参加到实践活动中才能获得最真实的知识。一个人的劳动观念、劳动态度、劳动技能、独立能力，以及在学习实践中是否勤奋、是否肯于动脑动手等，在很大程度上是从小时候开始的日常生活劳动和参与公共劳动中逐渐形成与获得的。日常的生活劳动实践可以培养青少年成长发展需要的基本劳动能力，培养其勤俭、奋斗、创新、奉献的劳动精神，形成良好的卫生和劳动习惯。日常生活劳动实践可以在青少年心中种下劳动光荣的种子和劳动创造美好未来的思想。

认知目标

　　1.了解公共场所的环境卫生规范，自我生活劳动技能和家务劳动的具体内容。

　　2.掌握自我生活劳动小窍门，能够主动参与家务劳动，掌握关于家务劳动的技巧。

　　3.建立自我生活劳动意识，能够养成良好的个人卫生习惯，主动参加校内外劳动并维护校内外卫生。

情感态度观念目标

　　1.培养独立自主、自食其力的劳动品质。

　　2.培养勤于劳动、喜于实践、乐于思考的劳动精神。

　　3.培养勤俭、奋斗、创新和奉献的劳动精神。

　　4.在劳动实践中提升自信心，收获快乐。

　　5.提升社会责任感，在家务劳动中构建良好的亲子关系。

运用目标

　　1.积极参与家务劳动、校园劳动及社区劳动。

　　2.讲究个人卫生，有良好的生活习惯。

　　3.主动维护社会公共卫生，当好卫生宣传员。

知识导图

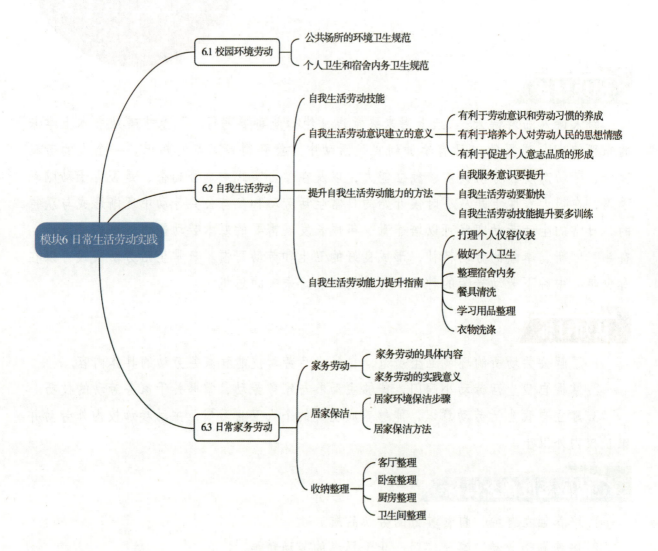

模块6 日常生活劳动实践

- 6.1 校园环境劳动
  - 公共场所的环境卫生规范
  - 个人卫生和宿舍内务卫生规范
- 6.2 自我生活劳动
  - 自我生活劳动技能
  - 自我生活劳动意识建立的意义
    - 有利于劳动意识和劳动习惯的养成
    - 有利于培养个人对劳动人民的思想情感
    - 有利于促进个人意志品质的形成
  - 提升自我生活劳动能力的方法
    - 自我服务意识要提升
    - 自我生活劳动要勤快
    - 自我生活劳动技能提升要多训练
  - 自我生活劳动能力提升指南
    - 打理个人仪容仪表
    - 做好个人卫生
    - 整理宿舍内务
    - 餐具清洗
    - 学习用品整理
    - 衣物洗涤
- 6.3 日常家务劳动
  - 家务劳动
    - 家务劳动的具体内容
    - 家务劳动的实践意义
  - 居家保洁
    - 居家环境保洁步骤
    - 居家保洁方法
  - 收纳整理
    - 客厅整理
    - 卧室整理
    - 厨房整理
    - 卫生间整理

6.1　校园环境劳动

案例导入

劳动委员不好当

学平面设计的岳悦担任了班级的劳动委员，她觉得劳动委员的初心就是确保班级环境整洁，不扣分，为同学们提供一个良好的卫生环境。劳动委员在班级主要负责管理教室日常卫生保洁，提醒卫生值日，做好卫生保洁监督，确保班级卫生不扣分并及时向老师汇报情况，以及组织同学开展卫生大扫除等。

岳悦在管理班级卫生保洁和监督卫生值日时，发现同学们基本都很自觉，但也存在一些问题：

（1）作为艺术类班级，经常会用到各种绘画工具，如铅笔、颜料等。铅粉不溶于水，撒落在地面上不仅会造成难以清洁的污渍，还会因地面光滑造成安全隐患。

（2）同学们在班级里看到垃圾会主动清理，但对班级门口的垃圾视而不见。

（3）有些走读的同学会将校外的早餐带入班级食用，造成教室内异味，桌面或地面油渍较难清洁，剩余的厨余垃圾不能得到分类处理。

（4）有些患感冒或有鼻炎的同学每天都会使用大量纸巾，但没有及时扔进垃圾桶，存在随处乱扔的情况。

（5）同学们对校园劳动缺乏积极性和主动性，责任心不强；敷衍了事，存在为完成任务而劳动的心理，保洁情况不理想。劳动委员还要经常在检查的过程中进行善后。

针对同学们的这些问题，岳悦同学进行了思考，并改进了劳动委员的工作方法，从而让班级的日常劳动效果得到提升。

思考：

1.你所在的班级是否也存在相同或类似的问题？

2.你在班级卫生值日、日常卫生习惯养成或校内外劳动中是怎么做的？

3.认真思考一下，你能想出哪些有针对性的办法解决案例中出现的问题？

知识储备

名 人 名 言

一切乐境，都可由劳动得来；一切苦境，都可由劳动解脱。

—— 李大钊

校园环境劳动

一、公共场所的环境卫生规范

学校校园卫生清洁范围一般包括教室、楼道、走廊、实训室、图书馆、宿舍、会议室、体育馆等，这些地方的清洁需要师生共同的维护，保持校园整洁需从细节做起。

校园的公共场所卫生一般由学校的专职卫生保洁员负责，除此之外，还需要我们每个人的共同努力。校园公共场所的卫生我们可以按照以下规范去落实：

（1）楼道、楼梯，做到地面清洁，无痰渍、无污水、无垃圾等。

（2）洗手间、厕所，做到地面清洁，无积污水，墙面干净，管道通畅，水池内外干净无污物，大小便池干净无便迹、无异味、水房、厕所门干净。

（3）公共门窗玻璃、窗台窗框等做到干净、完好、无积尘。

（4）楼内墙壁顶棚做到无积尘，无蛛网。

（5）认真做好季节性消毒、灭蚊、灭蝇、灭鼠、灭蟑螂等工作。

（6）爱护公物，节约水电，所用卫生工具要妥善保管、谨慎使用，尽可能修旧利废。

（7）垃圾要分类倒入相应的垃圾桶，做到分类处理、分类投放；杜绝焚烧垃圾、树叶等污染环境的现象。

（8）爱护环卫设施，提升公德心和社会责任感；不在各种建筑物、各种设施、树木等物体上涂写、刻画、张贴等。

二、个人卫生和宿舍内务卫生规范

做好个人卫生有利于良好的个人卫生习惯养成。宿舍是我们每天在校生活的重要场所，良好的宿舍卫生有利于同学们的身心健康，在保持好个人卫生的同时也要和舍友共同维护宿舍的整洁。宿舍内务卫生需注意以下几点：

（1）养成良好的自我生活习惯和卫生习惯，做到个人物品摆放整齐，不乱堆放、不乱扔，不乱钉钉子损坏墙面，不乱涂写等。

（2）床上被褥枕头等用品叠放整齐；宿舍内床上用品统一摆放在同一个方向，床单平整，其他床上用品摆放有序。

（3）不向窗外倒水和乱扔杂物。个人衣物常清洗，确保干净无异味。

（4）鞋子有序摆放于床下，并确保干净无异味；面盆、水桶放置于各自床下。

（5）室内常通风透气，保持干燥无异味，鞋内勿放置袜子。

（6）窗台或桌上物品，如牙具、口杯、书籍等物品要摆放整齐，桌面干净无水迹。

案例分析

倡导校园垃圾分类，共创和谐美丽校园
——从垃圾分类践行校园环境劳动

自2019年起，全国地级及以上城市全面启动生活垃圾分类工作。学校更是通过校园广播、校园宣传栏、主题班会等进行大力宣传，同时还制定了校内垃圾分类管理办法等。陈小桦作为班里的劳动委员积极配合学校开展班级垃圾分类宣传与组织工作。她与同学共同策划了关于垃圾分类的主题班会，并配合班主任完成了班级垃圾桶定点工作，还积极参加校内外各种垃圾分类活动……在学习和践行的过程中小桦发现垃圾分类虽然看起来比较麻烦，但做好垃圾分类也能收获知识和劳动技巧。

瓶颈：校园行动停滞不前

经过一段时间，小桦发现了虽然垃圾分类的宣传仍然在进行，但校园环境内的垃圾分类行动却开始停滞不前。例如，垃圾桶形同虚设，同学们并没有按垃圾属性分类投放。除此之外，校园内随处可见丢弃的有害垃圾、厨余垃圾……

倡议：校园垃圾分类，从你我做起

小桦组织同学拟写了一份"校园垃圾分类倡议书"，鼓励大家积极签名，践行垃圾分类。此外还组建了"校园垃圾分类践行小分队"，每天利用午餐后和下午放学后到校园的各个垃圾分类投放点值日，引导同学们正确分类投放垃圾，对垃圾分类进行答疑解惑。

带动：队伍日益壮大，垃圾分类行动初见成效

随着小桦带领小分队每日工作的落实到位，越来越多的同学意识到垃圾分类的重要性，越来越多的同学自觉践行垃圾分类。他们以垃圾分类为切入点，协助老师一起组织同学们在校园里积极开展各种各样的劳动实践活动。

思考：

1.你知道为什么国家要颁布垃圾分类的相关政策吗？你了解这些政策吗？你知道学校所在地是从何时开始开展垃圾分类工作的吗？

2.你在日常的校园生活中，自觉践行垃圾分类了吗？是否觉得垃圾分类存在一定的难度？难度在哪里？

3.作为一名普通的中职生，应该如何通过自己的行动，与身边的师生共同创建和谐美好的校园环境？

分析：党的二十大报告指出，大自然是人类赖以生存发展的基本条件。尊重自然、顺应自然、保护自然，是全面建设社会主义现代化国家的内在要求。必须牢固树立和践行绿水青山就是金山银山的理念。坚持以人民为中心，持续改善城乡人居环境，推动绿色发展，实现人与自然和谐共生。垃圾分类是保护环境、守护家园的重要举措。

陈小桦作为一名普通的中职学生，能够自觉、主动树立垃圾分类意识，积极在校园内推广、践行垃圾分类，不是一件简单的事情。同时以垃圾分类作为切入点，协助老师积极开展校园环境劳动实践活动，符合新时代中职生劳动素养要求。

虽然垃圾分类政策已通过各种方式深入宣传，但正如小桦在校园内遇到的诸如"未将垃圾分类定点投放"等问题依然存在，这就需要青年学生开动脑筋，积极行动起来，创新垃圾分类宣传和践行的新方式，深入推动垃圾分类落实在日常生活中。

拓展训练

"变废为美"主题活动

你知道可回收物的多种玩法吗？可回收物再利用还能变成家里的艺术品，将可回收物分类收集起来，考验大家动手能力的时候到了！变废为宝，别想太难，利用收集好的纸箱、易拉罐、塑料瓶、废纸、衣物等，发挥想象力，创作出一件独一无二的艺术品。垃圾分类不仅可以有趣，还可以很有意义，同时还能够锻炼大家的劳动技能，让我们一起来挑战吧！

1. **活动主题：** 一起来挑战，变废为美更出彩。

2. **活动时间：** 一周。

3. **活动实施：**

（1）选择想要变废为美的艺术作品类型，如瓶贴画、拼搭立体装饰摆件等。

（2）根据作品的需求收集相应数量的可回收物，做好创作准备。

（3）构思作品内容，可以根据自己的喜好进行自由创作。

（4）完成可回收物变废为美的过程，使之成为独一无二的艺术作品，将作品拍成照片冲印出来，在班级宣传栏进行展示。

6.2　自我生活劳动

在人民生活品质不断提升的新时代，科学技术的发展为我们提供了更快速、更便捷的智能生活环境。同学们在家都是父母的掌上明珠，大多数同学在家都存在不同程度衣来伸手、饭来张口的现象，更有甚者坐地起价，用金钱狭隘地衡量劳动的价值。

图一

图二

思考：

1.观察图一，你发现了什么问题？为什么会出现这种现象？

2.观察图二，你赞成用劳动换取金钱的行为吗？为什么？

3.结合两幅图谈谈你对自我生活劳动的理解。

知识储备

一、自我生活劳动技能

自我生活劳动能力提升

自我生活劳动是学生料理自己生活的各种劳动，是自己的事情自己做，是涉及与自己切身相关的必备技能，如打理个人仪容仪表、做好个人卫生、整理宿舍内务、餐具清洗、学习用品整理、衣物洗涤晾晒叠放缝补等。它是最简单的一种日常劳动，日后不管我们从事何种职业，自我生活劳动将成为我们的习惯。

爱劳动首先要从自我生活自理开始，任何一个人要培养热爱劳动的态度，都需要从小做起，从自己做起，从小事做起。在自己的事情自己做的同时，也要为他人、为集体服务，逐渐培养自己的责任感和社会适应能力。

自我生活劳动技能是人人必须具备的技能。在我国，尽管各民族、各地区人们的生活习惯有所差异，但卫生习惯、生活自理、学习自理应当是共同的自我劳动项目。这类劳动项目重在养成学生自己动手的良好习惯，从而认识到劳动光荣，为从事其他各类劳动打下基础。自我服务劳动技能可促进自己进行充分的自我服务，更加独立、自主地规划自身的中职生活，解决学习、生活中遇到的各种困难。

二、自我生活劳动意识建立的意义

名 人 名 言

知识是从劳动中得来的，任何成就都是刻苦劳动的结晶。

——宋庆龄

劳动意识是当代中国学生发展核心素养的一个不可或缺的素养，它是一个学生全面发展、全面成长的必要条件和必然要求。一个人，先要从小学会料理自己的生

活，长大后才能从事生产劳动。所以，中职学生的自我服务劳动是未来从事其他劳动的基础。而家庭中的自我生活方面的劳动则是培养我们劳动意识和技能的必要手段和基本途径，为我们未来成长为合格公民、创造美好生活奠定基础。

（一）有利于劳动意识和劳动习惯的养成

劳动意识即爱劳动，主动参加与承担劳动的思想观念；劳动能力即会劳动，掌握劳动的基本技能技巧。爱劳动一直是中华民族的传统美德。中职专业是劳动技能学习运用的关键时期，在这一时期中职学生的自我服务劳动意识在衣食住行等"自理"劳动实践中不断得到锻炼。

（二）有利于培养个人对于劳动人民的思想情感

一个人只有付出了辛勤劳动，才能感受劳动带来的快乐，才能懂得珍惜劳动成果。例如：穿自己清洗晾晒的衣服时一般会格外小心在意，自己整理的书柜会尽量避免弄乱等。

（三）有利于促进个人意志品质的形成

劳动习惯的形成过程也是劳动意志形成的过程。例如，每天早晨起来自己叠被并整理卧室，需要有坚持不懈的意志。再如，洗衣服、洗鞋子、倒垃圾等劳动，需要不怕脏、不怕累的品德。这些劳动不仅锻炼了我们的动手能力，而且可以帮助我们养成良好的品德。

三、提高自我生活劳动能力的方法

提高自我生活能力是提高我们自身生存能力、竞争能力和自我发展能力的基础。如果一味地依赖别人，把自己的命运寄托在他人身上，时时事事靠别人指点才能生活的人，很难有所作为。像这样生活不能自理，样样由别人操心代劳，也是懒惰和无能的表现。虽然随着年龄的增长，我们的生活自理能力会伴随生活环境、职业等有所提高，但自理能力不是自发产生的，它需要我们有意识地加以培养。

自我生活劳动能力需要循序渐进地形成，而不是一蹴而就，所以需要我们从一件件小事做起，不断提醒自己去完成、去实现。

（一）自我服务意识要提升

热爱劳动是中华民族传统美德之一。在新时代要加强对学生劳动意识的培养，强化协作意识和责任意识。一是通过成长历程的教育、法制教育和成人礼活动等培养自己公民属性的责任担当意识。二是要从情感上尊重所有劳动者，比如快递员、外卖员、保安、保姆、保洁员等。三是要提升自我热爱劳动、尊重劳动、崇尚劳动、诚实劳动的意识。

（二）自我生活劳动要勤快

主动学习正确的生活自理方法。一方面在学校认真学习老师设计好的生活讲座或播放单项劳动视频；另一方面在家里要主动跟家长学习一些关于自我服务劳动的方法，请求家长多给予指导。遇到自我生活劳动方面的问题，首先试着自己想办法解决，锻炼自己处理事务和应对突发情况的能力；其次还可以与同学交流，锻炼人际交往能力；最后再向师长求助。

（三）自我生活劳动技能提升要多训练

在老师和家长的帮助下制订科学的自我生活劳动培养计划，计划要根据自己的年龄提出不同的自我生活劳动要求，逐渐提高自己独立完成自我生活劳动的能力。在自我生活劳动中，要多学多做，不能由父母或家人包办，摒弃"学习就已经够累的了，只要学习好就行了"的错误观点。要改变自己对劳动的错误态度，要求家长或老师放手，真正做到自己的事情自己干，做一些力所能及的事。要想提高自我生活劳动的技能，就需要一份劳动任务，如铺床、做饭、整理衣柜和书柜等，让自己循序渐进地反复训练，同时要多参加社会实践，锻炼自我生活劳动能力。

四、自我生活劳动能力提升指南

（一）打理个人仪容仪表

仪容，通常是指人的外观、外貌。仪表是综合人的外表，它包括人的形体、容貌、健康状况、姿态、举止、服饰、风度等方面。注重仪容仪表是自身一项基本素质，反映了本人的精神面貌，代表了自己的整体素质。学生要按学校要求，头发常清洗，梳整齐，发色要自然，发型不张扬。男生前发不过眉，后发不抵领，侧发不盖耳，不可光头；女生前发不遮眼、侧发不盖耳、后发不披肩，不戴不必要的发饰，长发要束起扎马尾，面容干净清爽，精神饱满，手部干净不留长指甲，不涂有颜色的指甲油，不佩戴饰品。

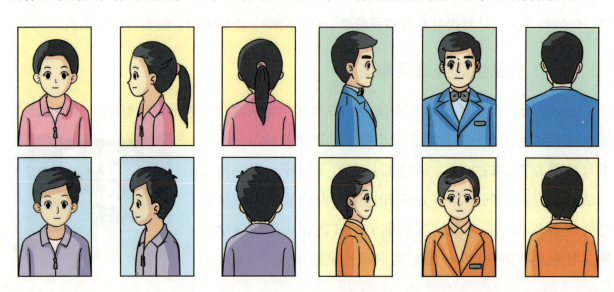

（二）做好个人卫生

个人卫生是自身生活的基础，养成良好的个人卫生习惯对身体健康和个人成长起到积极促进作用。一是饮食卫生，应做到：生吃瓜果要洗净，不喝生水，不吃"三无"食品，不挑食不偏食，餐后不马上做剧烈运动。二是勤洗手，应做到：饭前便后要洗手，劳动后要洗手，触摸到脏东西、接触传染病人和从公共场所等回来要洗手。三是要保护牙齿，应做到：早晚刷牙，餐后漱口，不吃过硬、过冷或过热的食品，睡前不吃东西，患牙病应及时医治。

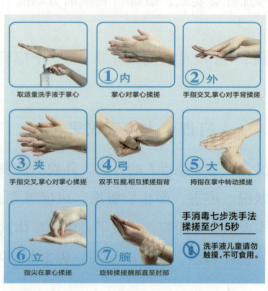

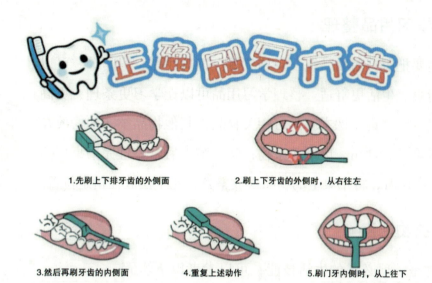

1.先刷上下排牙齿的外侧面　　　2.刷上下牙齿的外侧时，从右往左

3.然后再刷牙齿的内侧面　　4.重复上述动作　　5.刷门牙内侧时，从上往下

（三）整理宿舍内务

宿舍整理要做到将必需物品与非必需物品区分开，自己完全不用的东西及时丢弃；个人物品依规定定位，准确标识，摆放整齐有序；学习物品要摆放整齐；床上被褥叠放整齐，不乱扔杂物，床下鞋子的摆放、室内衣物的挂放要整齐；寝室洗漱用具、清洁用具依规定标识，准确定位，摆放有序。

（四）餐具清洗

生活用品，特别是每天用的餐具要做好清洗消毒，一般程序是一刮、二洗、三冲、四消毒、五保洁。要做到使用一次，清洗消毒一次，同时要有个人专用餐具，不共用餐具。餐后要及时洗碗，不宜长时间浸泡；要将有油污和没有油污的碗分开清洗；洗碗时宜先用温水将洗洁精稀释后再清洗，最后用热水冲洗碗筷进行彻底清洗；洗完碗筷要将其通风晾干，橱柜台面也要擦拭干净，碗筷做好消毒。

（五）学习用品整理

整理就是要把所有的物品统一规划放置。整理物品、房间等，可以让环境变得清爽、生活更舒适。整理学习用品可以让学习更条理、更高效。书桌上只保留文具、课本等学习相关物品，其他物品整齐地摆放在抽屉里，抽屉里没有食品、废纸等杂物；学习结束后，整理完书桌再离开座位；离开座位时，将书桌上的物品摆放整齐，凳子摆放在指定位置。

（六）衣物洗涤

洗涤衣物是一项必备的生活技能，可以参考以下步骤：

1. 准备阶段

衣物洗涤前的准备工作是洗衣首先要做好的一项重要工作，是洗好衣物的前提。洗衣前需对衣物进行分类，不同面料的衣物如不分类洗，会导致衣物灰暗、不明亮，出现串色、搭色，手感僵硬等情况。所以在洗之前要根据各类服装不同的洗涤要求进行分类。

（1）根据面料区分水洗与干洗、手洗与机洗。

（2）按衣物颜色分类。衣物一般分为白色、浅色和深色三类。

（3）区分褪色衣物。对容易褪色的衣物要单独清洗，以免串染其他衣物。

（4）按衣物的干净程度分类。要先洗不太脏的衣物，后洗较脏的衣物，最后洗很脏的衣物。

（5）区分内衣和外衣。内衣和外衣不能放在一起洗。

（6）区分服装面料。丝绸、毛料衣物不耐碱，要用酸性或中性洗涤液，其他面料的衣物也要根据面料性质选用相应的洗衣粉、洗衣皂和洗涤液等。

（7）区分有特殊脏污的衣物。衣物在使用过程中沾染上油渍、墨水等脏污是常见的，对油渍较多的衣物要针对污渍采用专门方法处理后，再进行常规洗涤。

2. 洗涤阶段

主要是用洗涤剂溶液对衣物进行洗涤，目的是把衣物上的污垢与织物分离，洗涤前一般应分类将衣服浸入清水湿润，然后加洗涤液进行洗涤。

浸泡是洗涤之前的一个短暂过程，浸泡分清水浸泡和洗涤剂溶液浸泡。洗涤剂溶液浸泡效果好，但容易使深色和易褪色的衣物掉色。丝绸、毛料以及不太脏、易褪色的衣物不能浸泡，要直接洗；深色衣物只能用清水浸泡，不能放入洗涤剂溶液中浸泡；使用时间较长，脏污与织物结合比较牢固的衣物，如床单、工作服等在洗之前浸泡，但浸泡时间不要太长，15~20分钟即可；脏污过分严重的衣物可适当延长浸泡时间，使污垢软化、溶解，提高洗涤质量。

　　洗涤分为手工洗涤和机器水洗两种。正确选择洗涤方法和洗涤剂是提高洗涤质量的重要因素，否则会导致衣物面料、色彩受损。

　　手工洗涤方法有以下几种：

　　（1）拎。用手将浸在洗涤液中的衣物拎起放下，使衣物与洗涤液发生摩擦，衣物上的污垢被溶解除去。拎的摩擦力非常小，薄软的、仅有浮尘和不太脏的衣物，在过水时大多采用拎的手法。

　　（2）擦。用双手轻轻地来回擦搓衣物，以加强洗涤液与衣物的摩擦，使衣物上的污垢易于除去，一般适用于不宜重搓的衣物。

　　（3）搓。用双手将带有洗涤液的衣物在洗衣板上搓，便于衣物上的污垢溶解，适用于清洗较脏的衣物。

　　（4）刷。利用板刷的刷丝全面接触衣物，进行单向刷洗的方法。一般用于刷洗大面积有污垢的部分。衣物的局部去渍，也常用小刷子刷的方法。根据衣物的脏污程度，刷洗时摩擦力可自由掌控。

　　（5）揩。揩是用毛巾或干净白布蘸洗涤液或去渍药水，在衣物的局部污渍处进行揩洗的方法。

案例分析

小岚的苦恼

　　小岚是某中职一年级新生，性格活泼开朗，兴趣广泛，能歌善舞。在新的环境里小岚与老师、同学们相处融洽，新学校学习压力不大，还有很多社团活动可以参加，唯一让她苦恼的是学校非常重视劳动教育，教室卫生、宿舍卫生、公共劳动区卫生等，每天不仅有严格的检查还会评分。

　　小岚第一次住校，以前在家养尊处优，几乎没有做过家务，现在住校后各种劳动项目成为她的一种负担。开学之初，她硬着头皮勉强完成了任务，熟悉环境后开始尝试逃避劳动。小岚在宿舍里总是不收拾内务，东西乱放、被子不叠，桌面不收拾。大家大扫除时她却躺床上玩手机，或者以参加社团活动为由跑出去，对同学的提醒不以为然。轮到她卫生值日时从不主动打扫，打扫卫生时总是等其他同学打扫得差不多了，才姗姗来迟，马虎应付。教室里她的桌面总是最乱的。她认为自己是来学校学习本领的，而不是来劳动的。

　　因为她的不参与和敷衍了事，好几次宿舍评比都没能拿到星级宿舍，教室卫生也因为她的马虎而被扣分，同学们开始对她有意见。在一次推选班级文艺干部的时候，能歌善舞的她却落选了。她很失望，也觉得不公平，大哭了一场。

　　班主任找到她，跟她谈心，和她分析了原因，她终于意识到自己的问题所在，于是下决心着手改变。首先，从思想上和态度上转变认识，改变轻视劳动的观念，重视自我生活劳动习惯的养成。其次，针对自己存在的问题，请班主任结合她的实际情况和她一起制订了一份详细的自我生活能力提升计划，并邀请家人和同学一起监督和帮助她。

思考：

1.离开家人的照顾，你能处理好自己的日常生活吗？

2.你觉得良好的自我生活劳动习惯会带给自己哪些益处？

3.为了养成良好的自我生活劳动习惯，你觉得应该从哪些方面培养呢？

分析：陶行知指出，"有生命的东西，在一个环境里生生不已的就是生活"。显然，生活就是衣食住行的集合，谈起生活就离不开劳动，劳动是人类创造物质财富和精神财富的活动。习近平总书记在全国教育大会上指出："要在学生中弘扬劳动精神，教育引导学生崇尚劳动、尊重劳动，懂得劳动最光荣、劳动最崇高、劳动最伟大、劳动最美丽的道理，长大后能够辛勤劳动、诚实劳动、创造性劳动。"并在阐释教育目标时首次完整提出培养德智体美劳全面发展的社会主义建设者和接班人。因此，作为新时代的中职学生，要树立正确的劳动观念，认识到劳动创造美好生活，具备满足生存发展需要的基本劳动能力，在日常生活中养成良好的劳动习惯，培养自强自立的精神，为今后迈入职场、适应职场做好准备，也为创造美好生活打下基础。

拓展训练

"一起来挑战，自我生活更出彩"主题活动

一些同学在家几乎不参与家务劳动，或由父母或由爷爷奶奶代劳，缺乏生活常识。如何在逐渐成年的过程中提升自我生活能力，更好地适应中职阶段的生活？

一些同学在进入中职前从来没有在校晚自习的经历，如何在自习时做好整理和保洁？

一些同学在进入中职前从来没有独自住宿的经历，如何快速适应住宿环境和作息安排？如何更好地在住宿生活中提升自我生活能力？

让我们带着这些问题共同探讨解决办法吧。

1. 活动主题：一起来挑战，自我生活更出彩。

2. 活动时间：21 天。

3. 活动实施：

（1）先拍摄宿舍自己所属区域或自己房间的现状图。

（2）坚持 21 天打卡拍照，对比前后照片，制作计划表。

（3）计划表实施过程中可补充或调整内容，更改内容需标注。

"一起来挑战，自我生活更出彩"计划表

劳动项目		完成标准	具体行动	目标	完成情况	备注
宿舍篇	列出内务整理清单	1.毛巾、牙刷等洗漱用品整齐摆放在规定的地方。 2.床上用品叠放整齐，床铺干净整齐。 3.书桌物品摆放有序整洁（没有可忽略）。 4.衣柜衣物分类摆放整齐。 5.鞋子整齐摆放在规定的地方	每天早上起床后开始整理（时间可以根据实际情况合理调整）	个人卫生达标，组织舍友共同努力争取拿到"星级宿舍"称号	周一□ 周二□ 周三□ 周四□ 周五□ 完成在方框内画√	可以填写劳动过程中发现的小技巧或者小窍门
	衣物清洗	自己的衣服自己清洗晾晒				
教室篇	整理书桌	每天下晚自习后整理课桌，将书本分类、文具等摆放整齐	书本分类、文具统一收纳；课桌椅按要求摆放整齐	每天至少一次	周一□ 周二□ 周三□ 周四□ 周五□ 完成在方框内画√	可以填写劳动过程中发现的问题并思考解决办法
	教室保洁	按值日安排完成教室保洁或负责区域的卫生保洁等	按规定时间完成打扫	卫生不扣分		
家庭篇	房间整理	1.床上用品摆放整齐，床铺整洁。 2.书桌物品分类摆放整齐，桌面整洁。 3.衣柜衣物等分类摆放整齐，衣柜整洁	周末回家自己整理房间。（可根据房间内物品的实际情况合理调整整理内容）	一周一次	是否完成 是□ 否□	可以填写劳动过程中曾经忽略但是很重要的环节，或在劳动过程中发现存在的安全隐患等
	家务劳动	可以选择和家人一起打扫卫生，规划分工；可以选择清洗碗碟，完成厨房卫生保洁等	提前做好劳动劳动分工的规划	一周一次	是否完成 是□ 否□	
	烹饪	学做一道菜、小吃、甜品等	周末和家人一起去菜市场购买食材，为家人做一道菜	一周一次	是否完成 是□ 否□	

6.3　日常家务劳动

争当劳动小能手

　　小林是某中职学校二年级的学生，他所在的学校开展了"争当家务劳动小能手"活动，通过这次活动，学校评选出了10名"劳动小能手"。这项活动顿时在学校掀起了热爱劳动、争做劳动小能手的热潮，也受到了学校老师和广大家长的好评。而这次活动所传达的"动手实践、出力流汗，接受锻炼、磨炼意志"的劳动精神，也让小林和他的父母备受启发。本着"提高劳动能力，培养吃苦耐劳的品质"的初心，小林一家人召开了家庭会议，针对家庭的实际情况和小林的兴趣爱好，全家人一起为小林制订了一份劳动养成计划。

　　劳动养成计划制订后，小林在家人的指导下认真执行计划，"撸起袖子"干起了家务劳动。一个学期下来，在学校和家庭的协同教育下，小林将劳动养成计划转化成了自觉的劳动行动，并养成了良好的劳动习惯，生活自理能力明显提高，在学校劳动中，也发挥了模范先锋作用。在学校举行的"争当家务劳动小能手"活动中，小林脱颖而出，获得了"劳动小能手"荣誉称号。拿到奖项的时候，他由衷地感叹："劳动锻炼了体能，劳动练就了技能，劳动发掘了潜能；要快乐劳动，强身健心！"

小林的家务劳动养成计划表

劳动任务项目		完成要求	具体行动
卫生保洁	整理内务	分类摆放物品，床铺干净整齐，书橱摆放有序，将内务整理内化为一种自觉行为	每天早上起床整理好床铺；每天晚上睡觉前收拾书桌，分类摆好物品
	洗涤衣物	坚持做到"我的衣服我来洗"，按洗涤标识正确清洗衣物	每天将自己换洗的衣物清洗干净
	清洁房间	及时打扫房间，定期清理垃圾，打造温馨美观的卧室	每周进行一次房间大扫除
	垃圾分类	勤俭节约，减少垃圾；居家宣传，合理分类	每天做好垃圾分类，每月参加一次社区垃圾分类知识的宣讲活动
	清洁厕所	定时清洁，科学使用工具，物品摆放整齐，按时通风透气，打造干净卫生、空气清新的洗手间	每周认真清洁厕所1~2次
练习技能	烹调烹饪	掌握膳食平衡的原则，做到灵活取用食材，合理运用烹饪技巧，独立创作拿手菜品，做到健康科学养生	每周末给家人做一道菜
	种植养护	掌握花草养护的基本技巧，主动担任家庭园丁，了解家庭花卉习性特点，做到科学管理养护	每周对家中绿植进行1~2次养护，并和家人交流种植养护心得体会
	变废为宝变废为美	手工制作，变废为宝、变废为美	每周和家人一起将废弃的物品进行手工制作，尝试"变废为宝""变废为美"

思考：观察小林制订的"家务劳动养成计划表"结合自身实际情况思考以下问题：

1.你会做哪些家务劳动？

2.你在日常家务劳动中，学到了哪些生活技能？

3.参照小林制订的计划表，尝试写一份自己的家务劳动养成计划。

日常家务劳动

一、家务劳动

原始社会，家务劳动与生产劳动是紧密联系在一起的。家庭成员，不论男女老少，都是重要的生产力，都要参加家务劳动。到了农业社会，家务劳动逐渐和生产劳动相分离。但人们也认为，孩子从事家务劳动有助于形成良好的家庭氛围，对人格养成大有裨益。

现代社会，家务劳动仍然是家庭生活中不可或缺的一部分。家务劳动主要是指以家庭成员为服务对象，满足家庭生活所必需的劳动，主要包括家居保洁、家庭饮食制作、家庭护理、家庭生活设施的维护等，通过使用清洁设备、工具和药剂，对居室内地  面、墙面、顶棚、阳台、厨房、卫生间等部位进行清扫保洁；对门窗、玻璃、灶具、洁具、家具、绿植、衣物等进行有针对性的处理，以达到环境清洁、杀菌防腐、物品保养的目的，我们经常做的是家居保洁。

（一）家务劳动的具体内容

（1）家庭住宅环境保洁。如庭院、地面、墙面、顶棚、阳台、厨房、卫生间、门窗、隔断、护栏等保洁及室内消毒、室内空气治理、病虫害防治等。

（2）家庭生活设施及物品保洁。如灶具、洁具、家具、电器、工具、玩具、衣物、窗帘等的保洁。

（二）家务劳动的实践意义

劳动是获得成就感的一种体验。我们从不会做家务，到初步尝试，再到做出非常好的成果，心理上自然会产生一种成功所带来的满足感。

二、居家保洁

居家环境整洁与幸福和谐密切相连，生活凌乱肮脏同衰落失败相邻。居家保洁的劳动过程，让环境美、能量正。

名人名言

体力劳动是防止一切社会病毒的伟大的消毒剂。

——马克思

（一）居家环境保洁步骤

（1）清场。将影响清洁作业的家具、工具、材料、用品等集中分类放置到合适位置。垃圾清扫后转移到室外分类投放或分类收集到室内垃圾桶。

（2）清洁墙面。掸去墙面浮尘。

（3）清洁窗框。先湿抹，再铲除多余物，最后用干净的清洁巾擦净。如果窗户玻璃较脏，可以顺势初步擦拭干净。

（4）清洁窗户玻璃。清洁窗户玻璃一般使用擦窗器法、水刮法、搓纸法。

（5）清洁窗槽和窗台。首先用吸尘器吸出窗槽污垢，不易吸出的污物，用铲刀或平口工具配合润湿清洁布尝试清理，尽量使用旧清洁布或废布。窗槽清理完毕，将窗台收拾干净。

（6）清洁纱窗。可用水冲洗纱网，再擦净纱窗窗框。晾干后安装。

（7）清洁厨房。依序为顶面、墙面、附属设施、橱柜内部、橱柜外部、台面、地面（如果厨房为清洁使用水源地，厨房地面可安排在后期进行）。

（8）清洁卫生间顶面、附属设施、墙面、台面、洁具。

（9）清洁卧室、客厅、餐厅、书房、阳台。主要包括开关、插座、供暖设施、柜体、家具类表面。

（10）清洁踢脚线。对踢脚线上沿吸尘，然后擦净。

（11）清洁门体。依序是门头、门套、门框、门扇、门锁。

（二）居家保洁方法

1.清洗厨房油污小妙招与小窍门

（1）瓷砖。厨房经常会沾染上很多又厚又重的油垢，这个时候我们应先将纸巾贴覆在瓷砖上面，喷洒上有厨房专用标志的油污清洁剂，多放置一会儿，这样做的目的就是避免清洁剂滴到瓷砖油污以外的地方，并将油垢吸附到纸巾上来。然后我们仅仅需要撕掉卫生纸，并使用干净的布蘸上清水来擦拭几遍就可以了。

（2）水池。厨房的水池既要洗菜还要洗碗，其实很容易滋生细菌和沾染油垢。如果没有专门的水池清洁剂或去污粉，可以在有油污的地方撒一点盐或挤一点牙膏，然后用废旧的保鲜膜上下擦拭，擦拭后用温水冲洗几遍，水池瞬间光亮如新。

（3）抽油烟机。抽油烟机是厨房清洁的重中之重。首先，我们需要将油盒里的油污倒掉，然后将油盒浸泡在温肥皂水中20分钟左右，如果油污顽固，可适当延时。最后，擦拭机身将油盒重新安装。

（4）玻璃。玻璃油污可用碱性去污粉擦拭，然后再用氢氧化钠或稀氨水溶液涂在玻璃上，3分钟后用布擦拭，玻璃就会变得光洁明亮。

（5）纱窗。纱窗油污先用笤帚扫去表面的灰尘，再用15克清洁精加水500毫升，搅拌均匀后用抹布两面涂抹，即可除去油腻。或者在洗衣粉溶液中加少量牛奶，洗出的纱窗会和新的一样。

（6）排气扇。清洗拆卸排气扇之前，先洗手后打上肥皂，指甲缝里要多留些，然后擦去手上的水。拆卸排气扇，可以取一些细锯末备用，用棉纱裹些细锯末或直接用手抓锯末擦拭，直到把排气扇各部件的油垢擦净。

2. 清洗厨房油污注意事项

（1）灶台。灶台尽量先用热水浸泡一下，软化灶台上的污垢，然后喷上清洁剂，再用抹布擦拭干净。

（2）水池。抓一把细盐，均匀撒在四周的池壁上，然后再用热水自上而下地冲洗几遍，油污便可除去。水池四角的凹槽可以用废牙刷蘸一些细盐粒来刷洗，也可以用旧布缝制一个小口袋，装入几块废弃的肥皂头，泡上一点水后在水池内壁上有油污的地方用力刷几下，然后再用清水冲净。

（3）冰箱。如果冰箱是白色的，时间一长就会因沾上油污而有些变黄，此时可以用软布蘸少许牙膏来慢慢擦拭。而冰箱门边较难处理的细缝处，可以用旧牙刷来清洁。

（4）不锈钢锅。不锈钢锅很容易沾上黑色的污垢且难以刷洗。把家里较大的锅中加上半锅左右的清水，并投入一些菠萝皮，再把小号的锅逐一放进去，在炉灶上加热煮沸一段时间，等到冷却以后拿出，这些锅就会光亮如新。

3. 厨房安全的注意事项

（1）灶台边放罐小苏打。厨房最大的安全隐患就是火灾，可在灶台边放一罐小苏打。遇到小火可以用苏打粉扑灭，切不可使用易燃的面粉。油锅起火时，应迅速关闭燃气阀门，并盖上锅盖或用湿抹布覆盖，切勿泼水灭火，以免导致火势蔓延。如果条件允许，可以安装一个烟感器。

（2）看火焰颜色检查天然气灶。多项研究发现天然气灶在使用过程中会释放大量的二氧化氮，污染室内空气，危害健康。因此，保持厨房通风及时排出废气非常重要。如果天然气灶喷出的火焰是黄色而非蓝色，则说明燃气质量、燃气灶或周围通风有问题，应及时找专业人员解决。

（3）尽量少用塑料容器。越来越多的研究发现，某些塑料会导致健康问题。正规的塑料制品底部都会用三角形和数字标出塑料的型号。3号塑料（PVC）和7号塑料含有危害健康的双酚A（BPA）。很多外卖饭盒及罐装食品包装中也含有BPA。6号塑料（泡沫塑料）容易向食品中释放某些化学物质。虽然1、2、4、5号塑料相对安全，但是专家建议，储存食物最好用玻璃器皿，携带饮料可选择不锈钢瓶。

（4）洗菜前彻底洗手。做饭前不洗手容易造成二次污染，用清水冲洗20秒可以去除某些细菌。用1大勺柠檬汁、2大勺白醋、1杯白开水装入喷洒瓶中摇匀，制成的天然清洁剂，可用于农产品及个人的清洁。

（5）少用化学洗剂刷碗。洗碗时最好避免化学成分太多的清洁剂。抗菌剂或消毒剂产品常含有刺激肺脏、眼睛和皮肤的化学物质，有些甚至含有致癌物。厨房用1∶9的白醋水溶剂即可杀灭各种细菌。制作肉食后，厨具可先用温热的肥皂水清洗，再用醋水清洗。

（6）多用铁锅做菜。不粘锅含有全氟辛酸（PFOA），多项研究发现，该物质与生育问题和甲状腺疾病有一定关联。使用不粘锅时，应注意低温，避免刮擦。最好选用铁、不锈钢材质的锅。

（7）给水管加个过滤器。如果不喜欢自来水的味道或者担心自来水中存在杂质，可安装自来水过滤器，并定期检查管道生锈状况，防止有害菌、病毒和有毒化学物质损害健康。

（8）糖类必须密封存放。麦片、糖果等一定要放入玻璃或带封口的金属器皿中密封存放，否则极易生虫或招来蟑螂。如果需要使用化学杀虫剂，一定要注意空气及食品安全。

三、收纳整理

整理房间物品，有助于提高个人的生活品质。整理看似是简单的事情，其实也是个人思维清晰的体现，是其审美与生活态度的体现。掌握一些收纳整理的原则，可以让我们的收纳整理更加得心应手。

（一）客厅整理

客厅整理就是处理和收纳，尽量减少东西，为空间减负。可以购买小的篮子放于二层搁板或是台面上收纳杂物；墙面空间也可利用，做上展示架或是搁板，用来收纳和储物；电视柜区域也是可以利用的区域，包括其抽屉空间。

（二）卧室整理

卧室要想做好收纳，主要在于衣柜。衣柜在家里的收藏空间中容量最大，具有出众的收纳能力。衣柜上方放置不经常用的棉被及过季衣物鞋袜；中层是存取最轻松的黄金区域，可以收纳平日常用的东西，收纳衣服可以使用抽屉和衣架；下方放置当季的东西；底层可放熨斗、吸尘器、玩具，方便拿取。

（三）厨房整理

厨房有各种小家电及烹饪锅具，隐藏是关键，也是空间减负的重点。在狭窄的厨房，冰箱、烹调台、收纳架之间应保持2~3步的距离。尽量将东西放在只需要伸手或者跨一步就能拿到的地方。

（四）卫生间整理

洗脸台、洗衣机周围有很多洗涤剂、毛巾等小物件，要方便使用又要整洁，要将这类物品规划整理，可以选择在墙上安置不锈钢置物架。如果条件允许，可以选择有储物功能的洗脸台，下方用于洗涤用品的放置，上方还可储存化妆用品。毛巾则可以放在墙壁上的收纳架上。

案例分析

化身"洗碗机"

珠海某中职学校为了营造热爱劳动、崇尚劳动的新风尚，每周给全校同学布置一项劳动作业，以此锻炼同学们的劳动技能。其中一周的劳动作业是洗碗。学电气专业的徐梓荣同学便化身成"洗碗机"，答应妈妈承包这周的洗碗家务。

刚开始洗碗，看着干净整齐的碗盘，想着能替妈妈干活了，徐梓荣内心满是幸福感和成就感，体会到了劳动的快乐。可新鲜感一过，慢慢地开始有些不耐烦了。到了第三天就想偷懒不干又觉得答应妈妈就不能反悔，索性在洗碗的步骤上偷工减料，原来反复洗两次还不放心，还要再冲洗一次，为了省劲现在只冲洗一次。就这样，从主动到被动，从情愿到不情愿，徐梓荣同学的妈妈看在眼里。

事后徐梓荣妈妈当晚找他说："做简单的事最难的就是坚持。做事情要么不做，要做就要做到最好！如果偷工减料，碗没有洗干净，伤害的还是自己家人的健康。"听完妈妈的话，徐梓荣不禁感到愧疚，随即他把没有洗干净的碗盘重新认认真真地由内而外洗擦干净，所有的碗盘、筷勺都仔细反复进行搓擦，最后用擦碗布将碗盘筷勺擦干，放入橱柜。

自此，徐梓荣洗碗从被动又回到了主动，从不情愿又回到了情愿。完成劳动作业后，他在心得体会上写道："自幼被父母宠爱，生活上的事基本都不过问，久而久之就习以为常地认为这些都是应该的，而今才真正体会到父母的辛苦和爱护，这份爱叫作'责任'。家务劳动不仅让身体得到锻炼，更培养了责任感，让我知道身为家庭的一分子应学会承担，珍惜劳动成果，让我懂得小事不小和做事贵在坚持的生活态度。"

思考：

1.你经常帮助家人做家务吗？

2.作为家庭的一分子，你认为如何做可以让家庭更加和谐美满呢？

分析： 整洁的环境为健康保驾护航，使我们保持积极的生活态度，懂得生活并热爱生活，家务劳动既能学到生活劳动技能，有助于适当锻炼身体，还能提高生活自理自立的能力。子女承担一定的家务能减轻父母的体力负担，传承中华优秀孝文化；父母做家务给孩子率先垂范，有助于更好地构建和谐的亲子关系。

拓展训练

"健康美食秀"主题活动

1.活动主题： 一起来挑战健康美食更出彩。

2.活动时间： 7天。

3.活动实施：

（1）通过请教家长或网络平台学习一道你最喜欢吃的菜肴，记录制作步骤。

（2）和家人一起去市场或超市采买所需食材。

（3）做菜前，将所需食材提前分类准备好；根据制作步骤逐步完成，或请家长在旁指导完成。特别注意用火安全。

（4）请家人品尝并提出改进意见。

（5）将整个过程记录下来，制作成短视频，在班级进行分享。

知识链接

整理的原则

1. 东西越少，利用率越高。

2. 桌子是一面镜子，能反射出你的行为。

3. 收纳工具要精简，过多也会有烦恼。

4. 养成每天放弃一件东西的习惯。

5. 换个角度，物品也有新价值。

6. 珍藏的东西现在未必有用。

7. 自己关心的往往就是最需要的。

8. 有意擦去的一块污渍，净化的是自己的灵魂。

9. 顺手捡起的一片纸，纯洁的是自己的精神。